广西哲学社会科学规划研究课题（17FMZ005）结项

GUANGXI TONGZU CHUANTONG MINJU JIANZHU DE
BAOHU YU KECHIXU FAZHAN YANJIU

侗族传统民居建筑的
保护与可持续发展研究

陈玲玲　黄薇薇 / 著

四川美术出版社

图书在版编目（CIP）数据

广西侗族传统民居建筑的保护与可持续发展研究 / 陈玲玲，黄薇薇著． -- 成都：四川美术出版社， 2022.12

ISBN 978-7-5740-0396-5

Ⅰ．①广… Ⅱ．①陈… ②黄… Ⅲ．①侗族-民族建筑-保护-研究-广西 Ⅳ．① TU-092.872

中国版本图书馆 CIP 数据核字（2022）第 241190 号

广西侗族传统民居建筑的保护与可持续发展研究
GUANGXI DONGZU CHUANTONG MINJU JIANZHU
DE BAOHU YU KECHIXU FAZHAN YANJIU

陈玲玲　黄薇薇　著

出 品 人：唐海涛
责任编辑：聂平
责任校对：袁一帆
出版发行：四川美术出版社
地　　址：四川省成都市锦江区三色路 238 号（邮政编码 610023）
装帧设计：江西泓山文化传播有限公司
印　　刷：石家庄汇展印刷有限公司
成品尺寸：185mm×260mm
印　　张：6.25
字　　数：200 千
版　　次：2023 年 1 月第 1 版
印　　次：2023 年 1 月第 1 次印刷
书　　号：ISBN 978-7-5740-0396-5
定　　价：50.00 元

目　录

导　言

一、问题的提出

（一）侗族建筑保护重点 —— 被"遗忘"的传统民居建筑

我们伟大的祖国有着广袤的国土、世界第一的人口，56 个民族共同创造了独具特色的中华文明。中国的少数民族各具特色，各民族都有着各自的信仰、观念和风俗习惯，传承着本民族的优秀文化。侗族是中国少数民族之一，主要分布在贵州、湖南、广西的交界处。侗族有着源远流长的历史文化和极具民族特色的服饰文化、语言文化、建筑文化等，侗族文化是中华民族优秀文化的一个重要组成部分。其中侗族建筑中的传统民居建筑别具一格，有着非常鲜明的民族性和地域性特点，凡是到过侗族村寨的人，无不对侗族的传统民居建筑留下深刻的印象。

广西侗族主要集中在桂北山区一带，桂北是广西少数民族聚集的重要区域，这里有世代生存的侗族、苗族、瑶族及其他少数民族。他们懂得自然，创造性地适应和改善自然，营建自己理想的家园；他们相互交流，探索与自然和平共处的生活方式，构筑了今天稳固的社会聚居空间，这一切最终都凝结在传统聚落与建筑形态中延续下来。

适者生存，历经时代发展演变，不断改进的生存方式和人们的聚居与建筑空间形态都是人类智慧的结晶，而地处桂北山区的侗族传统聚落与建筑空间形态，已经凸显其独特的地域人居环境的特殊价值，其传统聚落中所隐含的对自然、人文智慧的思考方式更是理解特殊地域条件下的人居环境的宝贵资源，不能被忽视和遗忘。

广西是多民族共融共生、民族文化传承的典范，广西侗族建筑是广西少数民族文化的代表之一，是体现广西少数民族建筑艺术的重要承载体。广西侗族建筑主要集中于桂北一带，其中三江林溪乡的马鞍屯为自治区级历史文化名村，三江县独峒乡高定村、林溪乡高友村、平岩村为国家级传统村落。这些村落均为侗族人民生活聚居区，村落的美丽形态主要由侗族传统民居建筑组成。由于广西相对于国内其他省份对少数民族建筑尤其是传统民居建筑的研究较为滞后，导致在侗族村落的发展过程中，新建民居与原有民居在风貌上不协调，以及原有民居居住环境与现代化生活需求产生矛盾，导致整个传统民居建筑以及村落形态遭到破坏。然而，构成侗族传统村落风貌的，分布最广、数量最大的是侗族传统民居建筑。正因为是数量庞大的侗族传统民居建筑构成了大家眼睛里所看到的侗族村寨，没有它们，也就形成不了这样别具特色的村寨。在研究侗族建筑时，不能只看到"典型"，而不重视"普遍"，并且这样的"普遍"其实并不普通。目前在侗族建筑保护重点的选取中，很多专家和学者更注重对具有代表性和象征性突出的鼓楼、风雨桥等进行研究，而侗族传统民居建筑的保护却一直被忽视，因此出现了时代发展中居民对居住环境提高的要求和对传统侗族民居保护之间的矛盾造成的不可逆转的现状,因此,如何对广西侗族传统民居建筑进行保护、实施有效的管理以及研究可持续发展策略,对传承广西少数民族建筑文化具有重要的意义。

(二)研究的缺失 —— 较少涉及侗族传统民居建筑保护

对于侗族传统建筑的学术研究真正开始于 20 世纪 80 年代,而在侗族传统建筑研究中,由于侗族各类建筑地位的不同,鼓楼、风雨桥等作为侗族人民的公共活动中心,其地位和造型均较为突出,因此研究学者更多关注的是侗族的鼓楼、风雨桥等公共建筑方面的研究。相关的研究成果,书籍部分如贵州省安顺市文化局主编的《图像人类学视野中的侗族鼓楼》、黄才贵的《侗族鼓楼研究》、余未人的《走进鼓楼 —— 侗族南部社区文化口述史》、徐杰舜的《程阳桥风俗》等;研究侗族鼓楼和风雨桥的论文则数量较多。此外,在综合研究侗族建筑领域(包括鼓楼、风雨桥、侗族村寨、民居建筑等)也有较多的研究成果,比如张柏如的《侗族建筑艺术》、蔡凌的《侗族聚居区的传统村落与建筑》、《侗族建筑遗产保护与研究》等;综合研究侗族建筑的论文也较多。而单纯研究侗族传统民居建筑的研究成果就相对较少了,如余达忠的《侗族民居》,也主要是较为细致地分析了侗族传统民居建筑的特色,涉及侗族传统民居建筑保护方面的研究非常少。

从侗族聚居区在全国范围内的分布比例来看,侗族有 55% 左右居住在贵州省,30% 左右居住在湖南省,10% 左右居住在广西壮族自治区,其余则散居在全国其他省份。由于侗族的分布情况和所占比例不同,大部分的学者在研究侗族建筑时更多对贵州省和湖南省的侗族聚居区的民居进行研究,究其原因,第一是侗族聚居区规模较大,整体侗族建筑较为完整;第二是贵州省和湖南省高校多,并已经成立了专门的研究当地侗族文化的机构,对侗族文化和侗族建筑等方面的研究较为重视,研究成果也较多。国内相关领域学者因调研和获取数据较为方便,一般更趋向于研究本地侗族文化,广西侗族占比相对较小,因此在广西侗族传统民居建筑方向一直未有系统的研究,在广西侗族传统民居建筑的保护和可持续发展方面的研究则更是欠缺。

(三)研究的紧迫性 —— 时代发展速度与保护发展的矛盾性

1. 传统文化在时代的快速发展中面临着危机

在西方文化显得光彩夺目的今天,如果我们再不有意识地去研究、发展我们自己的传统文化,那么我们的传统文化就有萎缩甚至断层的可能。特别是在一些外来文化具备强大的传播能力的形势下,自身的传统文化遇到外来文化强烈的"挑战"是客观存在的。因此,我们必须要有清醒的认识,必须看到创新时代的中国文化必须要有对传统文化的保护、传承、发展和创新。尽管我们现在的生活居住条件变得越来越好,但是适合后人居住的传统民居的建筑形式应该被保护和传承下来,所以我们要研究和促进侗族传统民居建筑的保护和可持续发展,把传统的源头活水注入到新时代的文化发展中。

2. 研究和保护侗族优秀的建筑文化是响应党中央的政策和号召

党的十八大以来，习近平对中华优秀传统文化的传承、发展、创造性转化等课题相当重视，在习近平总书记看来，中华民族创造的文化整体包含了汉族、维吾尔族、藏族、京族、傣族、回族、侗族等等，中国的每一个民族都参与了中华文化的创造，学好中华文化对中华民族的凝聚力和向心力的建设，有着非常重要的意义。这实际上也是我们国家的一个国策，十三五规划非常明确地指出：（1）传承中华民族的传统美德；（2）弘扬中华优秀文化，还要扩大中华优秀文化的世界影响力。

2017 年 1 月中央两办公布了《关于实施中华优秀传统文化传承发展工程的意见》，有中央各部委的举措鼓舞人心，作为中国人的我们有责任、有义务把中华优秀传统文化传承好、弘扬好，让各界人士，让更多的人了解我们优秀的中华文化。中华优秀传统文化是我们"文化自信"的重要载体。文化兴，则民族兴；文化兴，则国运兴。言外之意就是，将来有一天中国在世界上有一席之地，真正屹立于世界民族之林，实际上不光是靠航空母舰，靠 GDP 的参数，也要靠我们这个民族的文化和智慧，能够为全人类的发展方向，提供一种智慧的指导和启迪。也就是说，我们只有在价值观和文化理念上能够成为世界的引领者，我们才能真正成为一个大国、强国，成为一个受人尊重的国家。

3. 当地城镇化、工业化的推进和旅游业的发展使广西侗族传统民居建筑面临着被现代生活方式改变的危险

虽然当地政府制定了相关的保护政策，加大了对侗族民居建筑群的保护力度，但是在过去几十年间，由于人们对侗族建筑文化认识不足，保护力度不够，保护机制不完善和一些侗族村民的目光短浅，导致了很多侗族村寨里的传统民居建筑遭到了人为的破坏，变成了现代的砖墙建筑与传统的木结构建筑混合的、汉族与侗族的建筑风格混搭的侗族建筑。这几年这样的"混合型"的侗族民居建筑如雨后春笋般拔地而起，成了侗族村寨里的一道格外引人注目的"风景"，破坏了整个侗族村寨整体的建筑风格，与周围的环境格格不入。广西的侗族传统民居建筑现在正面临着前所未有的危机。如果不采取措施进行保护和抢救，将会给我们的民族文化带来重大的、不可挽回的损失，从而影响到区域经济文化的良性可持续发展。侗族传统民居建筑是几百年来侗族人民智慧的结晶，一旦遭到破坏将很难恢复原貌，所以研究广西侗族传统民居建筑的保护和可持续发展迫在眉睫。

二、研究的思路

本课题以自治区级历史文化名村三江林溪乡的马鞍屯，国家级传统村落三江县独峒乡高定村，林溪乡高友村、平岩村，程阳八寨为研究对象，探讨建构广西侗族传统民居建筑的保护与可持续发展研究框架。基本思路为：理论研究→现状分析→建构研究框架→可持续发展策略研究。

按研究思路，本课题的研究内容主要分解成以下方面：

（一）侗族传统民居建筑形成和演化特征

侗族传统民居建筑和村落是侗族居民生存空间的物质形态的固化，它的形成与演化历程是其与自然环境不断磨合的过程，也是侗族居民选择适宜的居住与建筑空间形态的过程，整个历程涉及到传统侗族民居建筑的空间形态与村落的整体协调、自我发展、嬗变的规律特点。

这部分涉及在宏观层面上分析侗族传统民居建筑与村落的分布和演化历程，从时间和空间维度说明在演进过程中与自然环境、经济发展、社会文化、建造技术、风俗习惯等之间的关系，明确它们的总体特征。微观层面上则从传统侗族村落中进行传统民居建筑的个例研究，说明和深化本课题的研究内容。同时简要说明侗族传统民居建筑的平面演化特征和立面演化特征，以突出传统侗族民居建筑的特点，阐述保护的必要性。

（二）保护理论的梳理

广西侗族传统民居建筑是体现了特定的历史阶段和特定的社会环境以及特有的自然环境的综合产物。在这个意义上，广西侗族传统民居建筑是广西侗族文化以及特色的重要见证物，是需要被社会广泛认知和保护的。

从国内外文物保护、建筑保护、文化遗产保护、民居建筑保护等的相关理论来看，国外的保护理论相对成熟，分类较细；国内的有关保护理论还在一个待完善的阶段，传统民居建筑保护还未形成系统的理论。在目前阶段已有的保护理论中，针对广西侗族传统民居建筑的保护与实践，本研究主要参考的是国内的文化遗产保护理论、英国的康泽恩理论以及可持续发展理论，从这三个理论中找出适合传统民居建筑保护的部分，整合其他保护理论，构建传统民居建筑保护研究框架。

1. 文化遗产保护相关理论

文化遗产是历史上人类文明进程中创造活动的有价值的遗留物，是历史的见证，包括物质文化遗产和非物质文化遗产。物质文化遗产是具有历史、艺术和科学价值的文物，包括古遗址、古墓葬、古建筑、石窟寺、石刻、壁画、近代现代重要史迹及代表性建筑等不可移动文物，历史上各时代的重要实物、艺术品、文献、手稿、图书资料等可移动文物，以及在建筑式样、分布均匀或与环境景色结合方面具有突出普遍价值的历史文化名城（街区、村镇）。非物质文化遗产是指各种以非物质形态存在的与群众生活密切相关、世代相承的传统文化表现形式，包括口述传统、传统表演艺术、民俗活动和礼仪与节庆、有关自然界和宇宙的民间传统知识和实践、传统手工艺技能等以及与上述传统文化表现形式相关的文化空间。

参照文化遗产的概念和分类，广西侗族传统民居建筑所组成的村落三江林溪乡马鞍屯为自治区级历史文化名村，三江县独峒乡高定村，林溪乡高友村、平岩村为国家级传统村落，它们无论从物质文化遗产角度还是从非物质文化遗产角度，都符合文化遗产的相关概念。从整个村落的存在形态来看，广西侗族传统民居建筑是数量最多、面积最大的部分，这些侗族传统民居建筑构成了面状或者聚落状的广西侗族村落形态（图1）。从这个意义上说，没有广西侗族传统民居建筑，就没有广西侗族村落。因此，当下我们保护广西侗族传统民居建筑这种类型的文化遗产是义不容辞的责任。

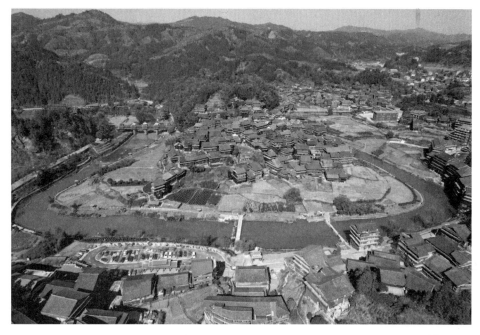

图 1 广西三江林溪乡马鞍屯侗族传统民居建筑组成的村落风貌[1]

文化遗产保护理论具体应用到广西侗族传统民居建筑的保护中，主要仍是按照两个核心原则 —— 真实性和完整性来进行保护。

2. 康泽恩相关理论

英国康泽恩理论是西方历史城镇景观保护与管理的三大主要理论流派之一，该理论在历史城镇景观保护与管理的总结中建立了坚实的方法论，并在实践探索中积累了丰富的经验，可以为广西侗族传统民居建筑保护以及村落保护提供有益的借鉴。

康泽恩理论主要是以城市形态的认知为基础的，其核心理论即为由街道系统、建筑形式和土地利用模式构成的城市景观分析框架。康泽恩强调各城镇自建成后在不同时期所形成及体现出的历史性，他进一步指出保护及管理城市景观不仅限于对实体建筑的保留，还应对城市景观中所蕴含的大量物质和非物质的历史沉淀进行适当的管理。20 世纪 90 年代，康泽恩理论对城市形态的研究范围由单纯的物质形态层面拓展到某些非物质层面，拉克汉姆正是这个阶段的核心代表人物之一。他提出城市景观保护是一个相对主动的过程，它包括多种形式的景观改善和再利用，甚至包括对保护区内的景观进行改造。拉克汉姆提出的城市景观管理方法，特别是历史景观的管理方法包括保存和保护两部分，即保护历史建筑、历史街区空间的最初形式并对它们加以利用，同时需要给部分建筑物赋予新功能，为社区发展带来新动力，而此举可能需要牺

---

[1] 如无特别说明，本书所含照片均为作者自摄，所含示意图、思维导图、表格均为作者自绘自制。

牺某些元素，景观保护与管理正是在保存及变化中寻求相对平衡点的过程。他指出最需要管理的是城市景观所体现的历史性，因此需要保护的对象必须是精挑细选的。

3. 侗族传统民居建筑的可持续发展理论

在人类经历了工业革命爆发和市场经济转变、全球人口激增，资源和环境受到冲击、人们赖以生存的自然环境面临严重破坏和威胁之后，民居住宅作为可持续发展的重要因素之一，对其建设理念和建筑技术提出了全新的要求，也对建造方式及其建筑全生命周期环节提出了更高的目标。从国际可持续建设模式和住宅技术体系发展及我国未来居住建筑发展模式来看，建设可持续模式的百年住宅是能够使民居建筑长寿化、高品质、低能耗，从而实现绿色可持续发展建设理念的一项重要举措。

而对于广西侗族传统民居建筑而言，因其所选用的建筑材料来自当地木材，有着与大自然亲密接触的关系，其寿命本身就比普通城市住宅建筑要短。在保护广西传统侗族民居建筑原生态的基础上，也应当从根本上解决居民日益提高的对生活品质的要求与保障传统民居建筑总体形态风貌之间的矛盾。在侗族传统民居建筑的物质保护方面，可以采取以下可持续发展方式：

（1）坚持以保护传统民居建筑文化为主。对于传统民居建筑文化遗产、建筑保护以及修缮的要求，应当最大限度体现和还原传统民居建筑及村落的历史面貌，使其传统民居建筑文化特征能够得到延续。

（2）允许新旧共生。广西侗族传统民居建筑因其平面布局保留有原始的侗族村民生活形态特征，其传统建造技艺也具有极高的传承价值，但由于建筑材料、环境等原因，广西侗族传统民居建筑普遍寿命不是很长。因此，可在进行现代化建筑设计的同时，保存侗族传统民居建筑平面布局及其风貌，在新旧共生改造策略应用过程中，应确保新的建筑改造设计与传统侗族民居建筑的历史发展相呼应。

（3）建筑再生理念。在保护和传承传统侗族民居建筑工作中，应突出地域文化特征，再选择合理的地域性空间布局方式，刺激传统侗族民居建筑再生，使侗族传统民居建筑能够与自然生态环境关联在一起，确保建筑再生理念能够与传统文化紧密呼应。

而为了更好地延续侗族传统民居的活态性，则需要从发展经济、聚落管理、空间重构三个方面入手建构三位一体的可持续发展战略。

（三）广西侗族传统民居建筑保护现状

近年来，广西侗族民居建筑改建、新建频繁，极大地破坏了广西侗族传统民居建筑的独特性和整体性。究其原因，还是社会对于民居传统文化保护的认识不够。本研究的保护理论，不仅指保护广西侗族传统民居建筑的物质实体（建筑本身以及周围环境），还包括广西侗族传统民居建筑的文化保护（居民生活习俗、民族文化、精神信仰等），在社会不断前进和发展的基础上尽可能地保护、继承和发展广西侗族传统民居建筑，为广西侗族传统民居建筑特色的保持、发展和利用提供前提和基础。

社会发展了，人民生活水平提高了，侗族居民也对生活环境、物质条件等提出了更高的要求，这种高要求主要体现在需要对自己的住所环境进行改善，于是便有了改建、新建。虽然这种主观的因素造成了对于侗族传统民居建筑的破坏性影响，但在近年来的保护工作开展中，仍然有很多对于少数民族传统民居建筑保护成功的案例，可以借鉴应用到对广西侗族传统民居建筑的保护中。

（四）建构保护研究框架

建构保护研究框架主要从解答五个问题来入手：为什么保护？保护什么？如何保护？谁来保护？如何评价？此外通过细化保护内容、建构保护及发展框架、建构评估标准等几个方面来落实。其中，在保护对象层面，应当建立侗族传统民居建筑（单体）—侗族传统村落（群体）两个层次的保护研究框架；在保护者层面，应当从专家、政府以及居民三个类型进行共同参与研究；保护政策应当包含保护内容、保护标准以及评估标准等方面（图2）。

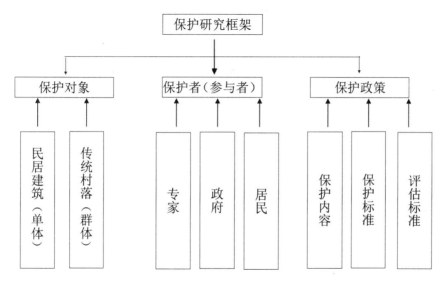

图 2 保护研究框架

（五）可持续发展策略的研究

保护是可持续发展的前提，可持续发展是保护的最终目标。发展旅游业是我国近年来比较热门的将文化遗产延续的途径，旅游收益为资源保护创造了经济条件。但是，旅游开发带来的环境污染，以及外来文化带来的冲击，对传统文化都造成了破坏。经济发展是可持续发展的基本条件，但经济发展的策略中绝不只有旅游开发作为可持续发展的主要办法。因此，对广西侗族传统建筑进行科学的保护以及可持续发展研究，是保证其健康发展的基础。坚持"保护优先""合理利用"原则，坚持动态管理，在保护的基础上合理利用，在利用的过程中强化保护，以使其既符合当代人的发展需要，又不损害后代的利益，为广西侗族传统民居建筑的传承与发展奠定研究基础。

三、与本研究有关的基本概念

（一）民居建筑

近年来研究民居建筑的学者和专业人士越来越多，民居建筑如今作为一种建筑形式也得到了更多的关注，因此对民居建筑的解读也更加受到重视。民居建筑的研究关键还是在于揭示其形式背后的空间和社会结构的关系，这种关系是界定民居类型的主要依据。民居大概也是在建筑学专业范畴里使用最多却又最少达成共识的术语之一。

从历史上看，民居建筑通常被定义为本土的、自发的、由本地居民参与的适应自然环境和基本功能的营造。中国《大百科全书》将民居定义为宫殿、官署以外的居住建筑，而部分建筑学界专家和学者不同意将民居的概念仅局限于住宅，而认为它的内涵应该扩大到城镇和村落中与生活相关的各类建筑，甚至是聚落本身。或者说，民居被界定为非官方的限于日常生活领域的人类居住环境。

国内外学者对于民居的定义的一个共同之处在于二者都把功能性和目的性作为主要依据。这样定义起初看来简单明了，因为我们只需要简单地分辨建筑物的功能和目的就可以区分其类型，然而再看就会发现这种定义方式很容易将民居建筑仅仅当成是满足基本功能需要的形式产物。这种观点容易造成民居建筑重形式、轻社会和文化的思想观念。单单就民居建筑本身来说，大量的中外实例表明，即使是最简单和最原始的人类住所也具有除满足基本功能需求之外的多种功能。

民居建筑具有除遮蔽功能之外的多种功能。它与其他人工产物的根本区别在于它通过材料组合来构筑不仅仅是拥有一定形式的实体，更是具有一定模式的空间组织方式，并以此来达到组织和安排人与人之间的家庭关系和活动的目的。因此，民居建筑作为特定的社会产物具有双重属性，在拥有一定物质属性和形式的同时，也包含了产生这种形式所需要的过程。

如果单纯地从形式组织和构成的角度来谈民居就会不可避免地忽视民居研究的重要因素，即其背后的社会观念和文化思想，关于建造者们是如何设计民居建筑，以及社会观念和文化模式是如何在民居空间中得以实现和延续的。从社会和文化的角度来说，民居与其他所有的人工环境内在都包含着关于空间组织的观念和想法。

因此，我们大概应该将民居建筑定义为对社会中既有的建筑形式和包含其中的空间和社会结构模式的潜意识复制或再现。基于以上的概念，不难理解为何民居建筑总是相对容易并且成功地产生社会功能和社会效应，从而相对和谐地融入其所处的社会和文化环境。其中的主要原因在于民居建筑所复制的空间形式和与之相呼应的社会功能和社会效应是符合既有的社会共识和规范的，因而是相对稳定和安全的。

（二）传统民居建筑

"传统"是由历史传承下来的事物，如思想、道德、风俗、艺术、制度等，具有历史性、遗传性和地区性的基本特征。

"传统"是指历代传承下来的具有本质性的模式、模型和准则的总和。它还包含以下内容：

其一，"传统"是流动于历史的动态过程，而不囿于已经凝结成型的某一阶段；

其二，"传统"有着主客体的双向作用即相互影响；

其三，"传统"具有不同存在形态，包括心理、信仰、道德、审美、思维方式以及风俗、礼制、行为方式等。

传统民居建筑是指受"传统"影响而形成的民居建筑。由此传统民居建筑需要一定时间的传承和延续，其营造方式、空间形态、艺术风格、装饰手法、生活习惯等都沿袭着某种"传统"的模式。在建筑形态上表现为相对的稳定性和连续性，侧重于过去的、历史的建筑形态、生产与生活方式的延续，建筑风貌能反映一定的历史文脉与地方文化的传承。

传统民居建筑及形成的传统聚落与现代农村、城市相比有不同的表现：血缘、地缘关系明晰，宗族、宗法礼制仍然延续，宗教信仰、道德准则、生活模式、意识形态还保留了较多的传统成分，在建筑面貌上仍保留了较多的中国传统民居建筑的特色。

（三）建筑空间形态

建筑空间形态指建筑中人类活动的各类空间之间的内在关系和空间形态理性的组织方式。建筑空间形态从微观上研究建筑的空间组织关系，涵盖建筑与建筑之间及建筑内部各种功能空间之间的关系，每个功能建筑或功能空间的架构方式等等。

四、对于研究的几个关键性问题的说明

（一）研究对象的选取

现有侗族建筑研究较多的是针对其公共建筑鼓楼、风雨桥等，对于广西侗族传统民居建筑保护方面的研究成果欠缺，因广西侗族传统民居建筑主要集中在广西柳州市三江县一带，本研究选取的对象主要是三江县的林溪乡马鞍屯，独峒乡高定村，林溪乡高友村、平岩村、程阳八寨的侗族传统民居建筑，不涉及除此以外的广西省其他地域的侗族传统民居建筑。

（二）关于本书的叙述结构

广西侗族传统民居建筑包括对侗族传统民居建筑形成和演化特征分析、保护理论的梳理、保护现状的调研、保护研究框架建构、可持续发展战略五个方面的研究，尝试回答用什么和怎么样去指导保护实践的问题。在目前传统民居建筑保护尚未形成系统化理论的背景下，建构保护研究框架对于广西侗族传统民居建筑的保护研究则更为重要。

（三）关于文献资料的出处与说明

为了更好地研究广西侗族传统民居建筑的保护和可持续发展，本研究参考了国内外有关文化遗产保护、建筑遗产保护等的相关理论；参考了国内外相关研究学者的研究成果、实践案例；同时还对国内外文化遗产、建筑遗产的保护进行了大量的走访和资料收集；在考察广西侗族传统民居建筑时，采用了实地调研（访谈、调查问卷、测绘等）的数据收集方法，尽可能地依据

实际材料和线索,结合相关保护理论和参考文献,建构本研究的框架,以保证本研究的顺利开展。

由于我国传统民居建筑保护理论尚未成熟,本研究主要结合国内外的文化遗产保护理论以及康泽恩理论来帮助建构研究框架,当然,各种类型的建筑保护一定有其特殊性,本研究试图去探索和建构适合广西侗族传统民居建筑保护的方法,但由于作者水平和能力有限,在研究过程中可能会有不足甚至错误的地方,还请学界专家批评指正。同时,调研过程中,访谈以及调查问卷等整理后的文字稿件,由于笔者在理解上难免会有偏差,如本书所展示出来的文字与访谈者原意有出入或者造成错误的,笔者将承担责任。

第一章　侗族传统民居建筑形成和演化特征

一、侗族居民特殊的生存环境

侗族主要聚居在东经 108º～110º，北纬 25º～31º，东西宽约 360 千米，南北长约 580 千米，方圆约 20.9 万平方千米的地域，是湖南、贵州、广西三省（自治区）交界的毗连地带。侗族聚居区，是一个跨省、跨行政辖区的民族区域，同样也是一个具有一定特点的自然地理区域。首先，侗族聚居区内气候温暖湿润，年降雨量 1200mm 左右，年平均气温 16℃左右，春少霜冻、夏无酷暑、秋无苦雨、冬少严寒，属中亚热带湿润山地气候。这样的气候，是侗族聚居区内形成"林粮兼作"的生产方式的自然条件，也是侗族形成以水稻种植为主要特征的稻作文化和建筑采用杉木作为主要建筑材料的原因。

侗族聚居区所处的区域还是一个山水交相辉映的区域。它位于云贵高原东南边缘苗岭山脉向湘桂低山丘陵过渡的斜坡地带。在它的周围，坐落有数条山脉。北为武陵山与佛顶山，南为越城岭和九万大山，东为雪峰山，西为南岭支脉。雷公山从西北穿越侗族聚居区沅水和渠水等干流，而在山南，都柳江、浔江则为珠江支流融江的两源。这些导致了侗族的聚落在本质上与土地和地形地貌相联系，在大自然和人工建造物之间建立了一种和谐的关系。

二、广西三江侗族传统民居建筑的形成演变历程

民居建筑作为人类定居生活的载体，是人类休养生息、开展各类活动的出发点。随着人类生活历史的延续和演变，由最初的自然庇护场所逐渐形成人类的居住生活场所。干栏式住宅作为中国西南部居住建筑的主要形态，自侗民族产生之时起，就已经是主要的居住建筑形式。

传统民居建筑随着时间的迁移而发生改变，其形成演变历程可以通过区域行政建制、人口迁移以及生态环境等方面进行考察。

（一）行政建制对传统侗族民居建筑形成的影响

历代中央王朝对侗族地区的统辖范围，时间先后有别，侗族聚居区内部发展的速度不同，也是产生文化个性的重要原因。早在后汉建武年间，光武帝刘秀派兵入"五溪"，屯兵辰溪县东南，筑城戍守。唐贞观八年（634 年），以辰州之龙标设县制，领龙村、朗溪、谭阳三县，包括今之芷江、黔阳、会同、靖州、锦屏、天柱、黎平东部和东南部，以及通道的东北部地区。到了宋崇宁四年（1105 年），宋王朝的势力才西进王江（今属黎平县），迫使"蛮酋杨晟勉士……同时在中古州（今黎平、从江、三江县间）置格州及乐古"。直至清雍正七年（1729 年）才设古州厅（今榕江县），继设下江厅，隶黎平府。可见侗族聚居区北部被开发的时间早于南

部，以直接开发的流官制度为主，南部则经历了从间接开发到直接开发的过渡，而且历时较长。

侗族传统民居聚集的模式有几种，其中中央王朝直接在侗族聚居区内设置的卫所、府县，则形成了点状的民居布局模式。王朝的政令实施、军事控制、以文教化，无不仰赖这些深入边地的据点而展开。在建筑方面，府县治及其设立的屯兵卫所，就是深入边地的一个个传播源，形成了点状的民居布局模式（图3）。

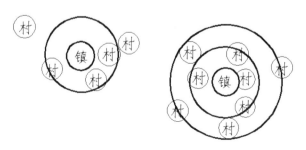

图 3 行政建制对侗族传统聚落形成的影响

（二）人口迁移对传统侗族民居建筑形成的影响

侗族民居建筑的形成和演化受汉人迁移的影响，历史上大批汉族通过仕官任职、军士留戍、自发流徙的方式进入侗族聚居区，嘉靖《贵州通志》述镇远府风俗引《旧志》说："附郭土著之民，绝厚尚信，读书知礼。"这"附郭土著之民"包括侗族和苗族。到清代，据《黔南识略》记载，城厢附郭的侗族基本上已是"风俗与汉人同，妇女也汉妆，婚葬俱循汉礼，耻居苗类，称之以苗，则怒目相向"，"峒苗向汉已久，男子耕凿诵读与汉民无异，其妇女汉装弓足者与汉人通婚"。

移民最为兴盛的时期在明清两朝，进入侗族聚居区屯垦的军民大多数是江西和湖南的汉人，自东向西的移民方向，导致汉文化传播的方向也是自东向西的。因此，明清移民是侗族聚居区建筑文化区域产生东西分异的一个重要原因。

（三）生态环境对传统侗族民居建筑形成的影响

从整个侗族聚居区来看，传统侗族民居建筑以雷公山这座天然屏障为界分为南北两大块，即北部侗族聚居区和南部侗族聚居区，这两个区域在民居建筑表现上差异也是非常显著的。北部侗族聚居区主要以地面式住宅为主，类型比较单一；南部侗族聚居区除了大量干栏式住宅以外，公共建筑较为丰富，村落多是以鼓楼为中心的团聚模式，空间层次丰富（图4）。三江侗族自治县正位于南部侗族聚居区，因此民居建筑表现出来的特征非常丰富。

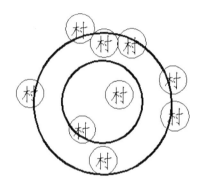

图 4 以鼓楼为中心的聚落团聚模式

在侗族聚居区内，侗族传统民居建筑通过河流或者山脉的线性走向形成带状的布局，形成线性的廊道，这种布局方式也尤为突出（图5）。除了自然地理条件所形成的带状布局外，节点式布局的线性排列与连接也形成了狭长的廊道。道路连接多个集镇也能起到廊道的文化传播作用，这种作用的影响力大小取决于节点和廊道的密度、持续作用的时间、深入的程度以及阻力的大小。

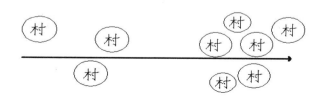

图5 线性的侗族传统聚落布局模式

三、侗族传统民居建筑演化特征

壮侗语族普遍存在称呼"楼"为"栏"的语言现象，说明"栏"是壮侗语族诸民族住宅的基本形式。

侗族传统民居建筑以木材为建筑材料，由于自然老化和气候、火灾等因素，侗族聚居区内现存的干栏式住宅可以考察到年代较早的也属于清晚期建造，距今约200余年。从实例上考察侗族民居建筑的历史虽十分困难，但前面提到的史书中有相关的记载，可以为考察提供线索。与侗民族发展史密切相关的古越人、僚人等同属一个语族，有同源关系的宋、明时期侗人的居住形式，可以探寻到今侗族聚居区内干栏式住宅祖述古越"巢居"、"干栏"，一脉相承的渊源关系，亦可知现今侗族聚居区内的干栏式住宅其实保存了一种甚为古老的居住方式。

（一）平面演化特征

侗族传统民居建筑可分为干栏式住宅和地面式住宅两类。

1. 干栏式住宅

干栏式住宅按室内空间的不同用途及其重要性，可将其内部空间划分为四类。礼仪空间：包括火塘和堂屋，在室内布局中有着重要的精神功能；生活空间：包括廊道空间、卧室和起居室，为日常生活起居的主要场所；辅助空间：包括畜棚、储藏室和卫生间，是日常生活的辅助空间；交通空间：主要是楼梯，它主导着进出住宅和住宅内部的垂直交通。家庭的日常生活就在畜棚、杂物间——楼梯——廊道——火塘间（堂屋）——卧室、储藏间中分层次地展开。从户外到住宅底层是第一个层次，底层通常豢养禽畜，堆放农具等杂物，有柱无墙；从底层到楼上是第二个层次，楼梯成了户内户外两个活动区域的分界点；由楼梯上至居住层后，从"外"到"内"是第三个层次，所谓"外"系指有顶无墙的廊道及由廊向内凹进的堂屋，"内"则指设有火塘的起居间；二三楼的卧室及储藏间是最后一个层次，也就是家庭中完全私密的空间。这四类空间是构成住宅平面的功能要素。

根据主要居住层即二层的空间序列以及各平面构成要素的位置，侗族传统民居建筑干栏式住宅主要有以下几种平面特征：

（1）前廊直入型

前廊直入型的侗族传统民居建筑采取与入口轴线垂直方向为导向的平面布置形式，空间的序列由前部宽廊分散到后部的空间，因此，宽廊均有开口进入各个封闭开间的房间，可以直入到每个开间（图6）。住宅在空间上被划分为前后两个部分，从平面布局形式上来看，类似于"前堂后室"，即前部为起居待客的空间，后部为家人寝卧空间的布局，只是前堂与后室所在的轴线正好与入口轴线相垂直，也可以说是入口在侧面的"前堂后室"。

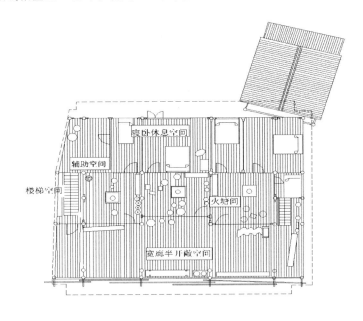

图 6 前廊直入型居住层平面图

在前廊直入型住宅中，除楼梯间外的各个开间尺寸是一致的。对于前廊，各开间房屋的地位显然也是相近的。随着家族人口数的增加，要完成聚族共居但又要保证空间等质性的方法就是在横向不断扩建相同的开间，最后形成干栏式"长屋"。

干栏式长屋每个单元占用的开间数有别，因此奇、偶数开间的长屋都很普遍，尤其是偶数开间长屋更为常见。在长屋进深方向，仍然保持了类似"前堂后室"，由前廊直入各开间的布局方式。

在这种前廊直入型的住宅里，进深没有变化的长廊是联系各房间的通道。但有的住宅虽然也是前廊直入，但长廊凹进（或凸出）一段距离，约600mm到一个进深，隐约有"堂屋"的雏形。堂屋开始在前廊直入型住宅中出现及成型，体现了汉族民居建筑的影响。但是，住宅的开间尺寸并未因为有堂屋的存在而有所变化，仍然保持了各开间尺寸相等的基本规律。

长屋是在横向上延伸房屋的一种办法。还有在纵深方向加建房屋的特例，形成大进深带天井的干栏式住宅（图7）。平面由南北两进加厢房连成，内院缩小成天井。此外，堂屋成为倒座，和天井周围连成大敞厅；火塘成列，占北进全部房间。从北进火塘和南进堂屋、卧室和廊的关系来看，房屋进数的增加没有改变前廊直入的空间关系。

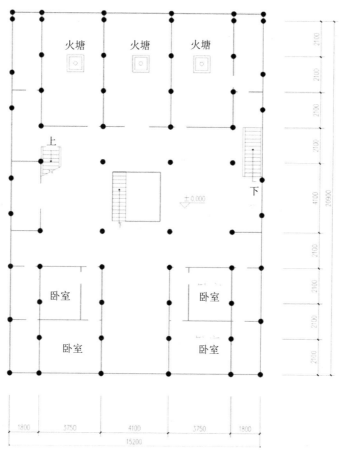

图7　带天井的干栏式住宅[1]

（2）前廊火塘型

前廊火塘型和前廊直入型住宅的区别在于：后者各开间与廊都保持了直线的递进关系，而前者空间序列在进入火塘后发生转折。比如三江马胖村杨宅（图8），卧室的入口方向与入户方向平行。

---

[1] 此示意图改绘自《广西民族传统建筑实录》编委会编《广西民族建筑实录》，广西科学技术出版社，1991，第77页图片。

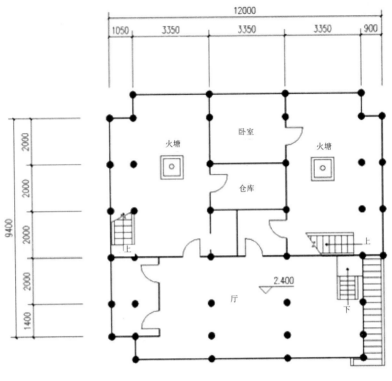

图 8 广西三江马胖村杨宅

在前廊火塘型和前廊直入型的住宅里，有一点是相似的，就是火塘无疑是家庭中最重要的起居空间，与前廊保持了固定的轴线关系。同样，在三开间的前廊火塘型住宅里也有"堂屋"的出现，但还没有起到空间转折的主导作用。

（3）前廊堂屋型

前廊堂屋型的住宅，空间序列从前廊到堂屋，然后通过堂屋来组织内部各个房间的出入，轴线在堂屋处发生转折。

这种类型的干栏式住宅相当普通，各种开间的住宅范例都有（图9）。

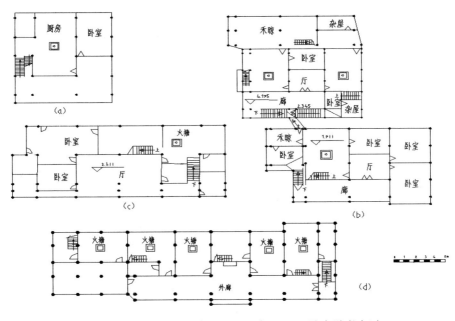

（a）广西三江马胖吴宅　　（b）广西三江马安陈能轩宅

（c）广西三江下南杨宅　　（d）广西三江冠峒杨宅

图9　各种开间的前廊——堂屋型住宅[1]

　　如果只考虑此种类型三开间住宅前廊之后的部分，这种布局方式即中间是起居部分，两侧为寝卧部分的形态，与汉族住宅常用的"一明两暗"型住宅平面极为相似（图10），即下图灰色的部分基本相同。四五开间的前廊堂屋型住宅，火塘的个数表示了家族内部小家庭的组成数目，堂屋是通过在进深方向扩大部分前廊而形成的，是三面围合的半开敞空间，也有少数住宅将堂屋一侧火塘的部分功能为堂屋所替代，但仍然是家庭中重要的礼仪空间，与堂屋一道成为住宅的双中心。

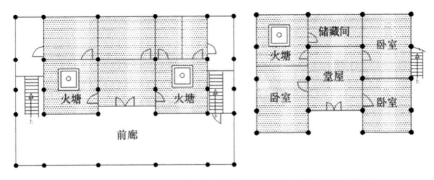

图10 三开间干栏式前廊堂屋型住宅与地面式住宅的比较

―――――――――――

[1] 示意图（C）改绘自《广西民族建筑实录》，第73页图片，示意图（d）改绘自韦玉娇：《广西三江侗族村寨初探》，东南大学学位论文，1999，第50页图片。

堂屋的出现使得祖先的神位由火塘间一角转移到了堂屋的后壁正中。堂屋从前廊延伸过来，一直到房子的中部，在正中的中柱接枋装壁板隔断。侗家人的神龛就立在壁板上。堂屋的北部墙面及其中轴线上所摆放的方桌，是以祭祀为重点内容的，其方桌前的一片空间，供人们祭祀跪拜祖先使用。堂屋的陈设也与汉族住宅的厅堂相似。

1. 地面式住宅

除侗族传统民居建筑干栏式住宅的平面空间具有较为显著的特征外，侗族传统民居建筑还包含地面式住宅，地面式住宅在侗族聚居区北部地区较为常见。地面式住宅一般有多层，与干栏式住宅最大的区别在于它是以底层作为主要居住面，日常起居多在地面层进行。地面式住宅在总体特征上与南方汉族住宅大同小异。"大同"是指平面布局的方式大体一致，而"小异"则是指构成空间的要素有所差别。正房完全处于平整基地上，厢房采取局部的干栏建筑形式，也属于地面式住宅，因为厢房即便为"吊脚"的形式，地面的主要出入口一般也仍是保留了的，厢房并不是以底部架空层为唯一的出入口。

地面式住宅主要分为"一明两暗"型、三合型、四合型三种。

（1）"一明两暗"型

"一明两暗"型是地面式住宅最基本的形态，这种形态一般为堂屋居中，两侧为寝卧空间。当家中人口增加时，在横向上可向左右增加开间数，由三开间增加至五开间，或由两个三开间单元横向连接，形成六开间的住宅。纵向上也可由三开间单元并列布置，形成多进住宅。

（2）三合型

这种类型的住宅正房三到五间，"一明两暗"的三间正房前面的两侧配以附属的厢房，大部分在正房对面设门罩，形成三合天井住宅。有的住宅是将正房左右增加纵向线型排列的厢房，同样围合成三合型庭院。

（3）四合型

这种类型的住宅以"一明两暗"为正房，对隔天井建三间下房，正房前部两侧各一到两间厢房连接上、下房，形成一个封闭的"口"字形，天井居中，上、下房的二层通过厢房也可以连通。

地面式住宅受汉族住宅影响比较大，也对地面的平整场地有一定的要求，广西三江侗族聚居区地面式住宅相对较少，本研究还是以干栏式住宅为主要论述对象。

（二）立面演化特征

大部分的干栏式侗族民居建筑体现的是"整体建竖"的立面特征。即干栏式民居建筑下部支撑结构和上部庇护结构呈一个整体框架结构，它是在每根长柱上分别凿穿上榫眼、中榫眼和地脚孔，以枋穿连将柱子竖起来。上榫眼和木枋穿连处是天花板的部位；中榫眼部位为铺楼板处；柱子下端的地脚孔处则安上木枋或圆杉木做的"地脚"，以嵌楼下壁板。将三根或五根柱穿连起来为一排，每排柱子的正中间柱最高，两边次之，前后柱最矮，矮柱与高柱之间再加以小柱穿连架梁，将二或三五排穿连的柱竖起来用枋穿连起来，这样就形成了侗族民居的干栏式立面造型（图11）。

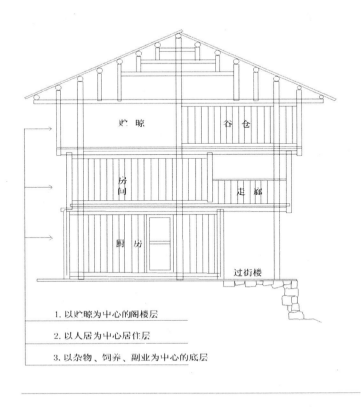

图 11 干栏式侗族传统民居建筑立面

四、本章小结

侗族传统民居建筑是构成广西侗族聚居区的基本单元，从建成之日起，就成为容纳日常生活事件的场所。日常生活事件是空间占据者和主角，它的性质决定了侗族传统民居建筑内部各个空间的性质。

（一）形成背景

特定的建筑，总是在特定的时间背景和空间背景下产生，因此，广西侗族传统民居建筑的研究，也遵循着"时间—空间—意义"的考察路径。从这个意义上来说，广西侗族传统民居建筑不仅是历史变迁叠加的产物，更是一个动态发展的过程。从内因来看，广西侗族传统民居建筑的发展变迁来源于发明或发现；而外因则更多与借取或传播有关。内因外因相互作用产生影响，形成了侗族民居建筑传统特色。

（二）生活事件

侗族传统民居建筑的载体空间，最终是为了满足居住者日常活动的需要。正是人在这个空间中每天反复地、习俗化地进行某种活动，形成了特定事件与特定空间相互的指向关系。日常生活中发生的诸多事件所体现的仪式感、生活方式等都通过民居建筑形象化和具体化，因此民居建筑也被赋予了特殊的意义，载体空间有了自己的属性。

（三）载体空间

侗族传统民居建筑是居民日常生活的空间载体，因此它的载体空间承载和体现着传统风俗和习惯。没有生活事件，就没有载体空间；没有载体空间，生活事件则无法体现，两者相辅相成。这种载体空间的主要特色包括建筑的形制、空间组成、艺术形式和风格、构造技术、装饰装修、材料质感和色彩等，从这些方面可以对侗族传统民居的载体空间有一个基本的梳理。

（四）民居特征

广西侗族传统民居建筑有其特有的平面特征和立面特色。其平面特征无不体现了居民日常生活起居以及对精神的需求，在几种典型的平面特征中，干栏式建筑中的前廊直入型、前廊火塘型、前廊堂屋型等都是需要保护的重点特征。其立面特色主要为"整体建竖"，广西侗族传统民居建筑的建造与地形结合紧密，因此在其立面的形成上，是以突出村落群体整体立面造型统一为基础的，因此每一个独立的侗族传统民居建筑的立面造型，都应该与村落群体整体立面造型相统一。

第二章　保护理论的梳理

十一届三中全会以来,促进农村地区改革和发展已经成为党和国家建设与创新的基本方向,这一方向为中国传统聚落与传统民居建筑的保护建设工作奠定了坚实的物质基础。2005 年党的十六届五中全会提出了社会主义新农村建设的发展目标,十八大提出生态文明建设理念与美丽中国建设新思路,接着国家农业部于 2013 年启动了"美丽乡村"创建活动,全国大部分地区进入了传统聚落与传统民居建筑研究、保护与更新发展的崭新阶段。2013 年 12 月习近平总书记在中央城镇化工作会议上提出了"让居民望得见山、看得见水、记得住乡愁"的城镇化建设目标和传统聚落与传统民居建筑的保护发展新思路,国家文物局、住房与城乡建设部、文化部、旅游局等诸多部门也在积极推进历史文化村镇、传统村落的调查、保护、更新工作。

自 1997 年至 2015 年,华南理工大学的中国"传统聚落与民居的理论研究和保护技术应用"这一研究借国家及各地区乡村改革政策的东风生根发芽,并在华南理工大学研究团队的共同努力下开花结果,形成了"传统聚落与民居"理论研究与技术应用相结合的诸多研究成果。然而,这些成果虽然涉及传统聚落和民居的理论研究,但目前尚未形成系统的传统民居建筑保护理论,在民居建筑保护和传承方面更多是参考国内外文化遗产保护理论中适用于民居建筑保护的部分。然而无论国内外的文化遗产保护理论,都仍然是在一个不断完善的阶段,理论中均有缺失的部分。比如国内文化遗产保护理论主要侧重于将建筑作为文物进行保护;国外文化遗产保护理论较为侧重建筑遗产存在的价值和意义,而英国康泽恩理论则侧重于遗产在生长周期过程中的一个动态研究过程等。这些保护理论的形成,为建构传统侗族民居建筑保护研究框架奠定了理论基础,因此,对相关保护理论进行梳理,对于建构传统民居建筑保护研究框架和可持续发展策略研究有非常重要的意义。从侗族传统民居建筑来看,它属于文化遗产的一部分,也符合康泽恩历史叠加理论和生命周期理论,同时更具有活态遗产的特点,因此,在建构传统民居建筑保护研究框架时,应该把传统民居建筑看成一个生命体,形成鲜活并能够延续的保护理论框架,即这种保护理论框架应是动态的、可持续发展的、不断调整和完善的。

一、文化遗产保护理论

(一)相关概念

1. 文化遗产

文化遗产根据遗产的物质属性的不同分为"物质文化遗产"和"非物质文化遗产"两个基本类型。而根据文化遗产的空间属性的不同分为"可移动文化遗产"和"不可移动文化遗产"两个基本类型。

"物质文化遗产"和"非物质文化遗产"在物质属性上的不同是相对而言的，因为非物质文化遗产也需要有物质性的载体，如场所、材料、工具等。其创造的成果也常常以物质的形式表现出来，或者需要物质的媒介来进行记录或保存。另一方面，物质文化遗产也必然蕴含、承载着非物质文化的内容，可以是某种或多种非物质文化的物质性载体，是以物质的、有形的方式表达和体现的非物质文化。因此，"物质文化遗产"和"非物质文化遗产"的根本区别不在于物质属性，而在于是否可以再生。物质文化遗产一旦损毁，是无法再生的。而非物质文化遗产，一般而言，只要其必备条件存在（指与其传承相关的人、工具、材料等），就可以不断地创造、产生并且发展，它是突破了文化遗产的物质性界限的。比如侗族传统民居建筑建造技艺，只要有掌握这种建造技艺的传承人，有制作的原材料和工具，就可以不断设计建造出传统民居建筑来。而侗族传统民居建筑作为物质文化遗产的实体，一旦毁坏倒塌，就再也无法恢复了。

"可移动文化遗产"与"不可移动文化遗产"的概念也是相对的。从绝对的意义上说，所有的文化遗产都是能移动的，只要有足够的技术和相关的支持条件；而同时，所有的文化遗产都是不应该移动的，因为移动会改变它的空间属性，从而对遗产的价值造成影响。

2. 广西侗族传统民居建筑遗产

民居建筑作为人必须的遮蔽物有着数量庞大的属性，它们应该是存在数量最大的、最基本的建筑类型。传统民居建筑具备文化遗产的物质属性，它是有形的、不可移动的物质性实体，是文化遗产中的建筑遗产的重要的组成部分。

民居建筑遍布祖国各地，包含着最丰富的多样性。广西侗族传统民居建筑具有独特的地域文化特征，是我国丰富的民居建筑遗产中不可缺少的一部分。其独特的特征主要表现为以下四点：

（1）平面特色鲜明

广西侗族传统民居建筑有前廊直入型、前廊火塘型、前廊堂屋型、"一明两暗"型、三合型、四合型等几种非常成熟、适应当地气候条件与生活功能需要的基本平面形式，但不刻板、拘泥，而是随地形、环境等不断有所变化与增减。

（2）构筑因地制宜

广西侗族传统民居建筑虽皆由木构架、土墙或砖墙、瓦顶所构筑，但在遇到坡地、水系等不同地形、地势时，不是破坏地形与地势，而是非常巧妙地与坡地、水系结合，利用、处理非常精彩。

（3）造型朴实生动

广西侗族传统民居建筑体形组合纵横交替、高低错落、有机别致，群体轮廓舒展柔和而优美；立面处理各部分比例协调，材料简朴而有对比，色调和谐而又素雅；造型洒脱生动，风格朴实。

（4）装修简单雅致

广西侗族传统民居建筑梁枋木作、门窗隔扇以及石作、瓦作等装修都较为简单，但丰富而雅致，具有自己鲜明的地方特色与独特的审美价值。

这些特征是广西侗族传统民居建筑作为文化遗产的内涵所在，是我们需要认真保护的精华。

（二）传统民居建筑的保护价值

《中华人民共和国文物保护法》中对文物的价值从历史价值、艺术价值、科学价值和史料价值四个方面进行了一定的说明，广西侗族传统民居建筑目前虽然还不属于文物范畴，但却属于建筑遗产的一部分，本研究仍然可以从历史价值、艺术价值、科学价值和史料价值四个方面对广西侗族传统民居建筑进行价值阐述。

1. 历史价值

（1）广西侗族传统民居建筑见证了各历史时期的侗族人民生活、社会发展的各方面状况。一方面是物质层面的状况，包括侗族社会所达到的物质生产水平，族群及个人所创造、拥有的物质财富的情况，侗族社会生产与日常生活的物质资料的情况等。另一方面是非物质层面的状况，包括该历史时期内居民的生活方式以及侗民族社会习惯和风尚、思想观念、价值取向、精神面貌等。这一部分内容可以说是遗产的历史价值的最主要、最核心的内容，它涵盖了历史价值的方方面面，是历史价值的基础。

（2）广西侗族传统民居建筑见证了一些重要的历史事件或历史活动，也就是能够提供该历史事件、历史活动的行为活动曾经发生、进行的具体的、真实的、确切的物质空间环境，赋予了文献记载可视的、有形的、具有时间坐标的物质特性。

（3）广西侗族传统民居建筑证实、更正和补充、完善、丰富了文献记载的内容。只利用文献研究历史是不完全可靠的，文献典籍在流传、使用、制作形成的过程会产生一些疏漏、不实及相互矛盾的内容，对于文献中存在的这些问题和缺陷只能通过具体的、实在的遗存去解决和弥补。二者相互补充、相互印证，才能够给我们提供比较接近于历史的、真实的信息。

（4）广西侗族传统民居建筑的稀缺性甚至是唯一性（仅形成整体村落于黔湘桂交界地带），这使它具有了突出的历史价值。稀缺性的产生主要有两方面的原因。一方面是因时间久远而产生的稀缺性；另一方面是某些类型的建筑遗产由于受多种历史因素的影响，现存数量也十分稀少，因而具有了突出的价值。当然，有些建筑遗产同时具备了时间久远和类型稀少两方面的稀缺性，那就更显珍贵、历史价值更为突出了。

2. 艺术价值

艺术价值见证着广西侗族传统民居建筑在它被创造产生、使用延续的历史时间中人们的审美情趣以及民族的精神特质。艺术价值是广西侗族传统民居建筑所具有的既能够作用于人的理智，又能够诉诸人的感官和情感的审美的价值。人们可以通过自身不同的方式、途径去感觉、体会、品味、领悟、欣赏广西侗族传统民居建筑所具有的艺术价值。其艺术价值包含了丰富的

内容:

（1）广西侗族传统民居建筑自身的艺术特质，一方面包括村落与传统民居建筑的空间，场所（大小、尺度、比例、光影、明暗、色彩等），建筑物的造型、色彩、装饰细节，以及广西侗族传统民居建筑中所包含的各种具有美感和象征意义的构件和组成部分，不论这些构件和组成部分在产生之初是否专为艺术或美的目的而被创造出来；另一方面包括广西侗族传统民居建筑同与之相关的社会人文环境和自然环境共生共存而培育、形成的景观。

（2）依附于广西侗族传统民居建筑的各种类型的可移动或不可移动的艺术品，如壁画、雕塑、碑刻、造像等，它们都是广西侗族传统民居建筑不可分割的组成部分。

（3）广西侗族传统民居建筑体现、表达出来的艺术风格和艺术处理手法及其达到的艺术水准。这些艺术风格和艺术处理手法是带有时间烙印，具有时代特征的。

（4）作为艺术史的实物资料，提供直观、形象、确实的艺术史方面的信息。

艺术价值的这四个方面的内容都是同时包含着历史价值的，广西侗族传统民居建筑自身的艺术特质，都是在某个具体的历史时间里形成的，以那个历史时间的社会发展状况为背景、为条件的。广西侗族传统民居建筑与相关的社会环境和自然环境共同构成的景观更是许多个不同历史时间的印记的叠加和积淀。艺术风格和艺术处理手法也都是广西侗族传统民居建筑时代特征的组成内容。

3. 科学价值

广西侗族传统民居建筑的科学价值是指其见证它所产生、使用和存在、发展的历史时间内的科学、技术发展水平和知识状况的价值。

科学价值包含的具体内容，一是广西侗族传统民居建筑本身所记录、说明的各方面的建造技术，包括选址、规划布局、设计、选材、原材料加工、构件加工制作、施工组织与管理等多个方面；二是能够作为科学技术史和多方面的专门技术史的实物资料；三是曾经作为历史上某种科学技术活动的空间、场所，见证了该活动、事件的发生和进行。

科学价值的这三个方面的内容也同时包含着历史价值。广西侗族传统民居建筑自身的建造技术和科学技术史、专门史的资料都是属于某一个或几个特定的历史时期的，只有在具体的历史时间内，我们才能够去讨论、评价这种建筑技术的合理性、科学性、先进性，因为历史时间给建筑技术的发展、演进提供了一个基本的维度和参考坐标。

4. 史料价值

史料价值是指广西侗族传统民居建筑能够为研究、揭示、证实、补充历史提供信息的价值。史料价值同历史价值一样，也是遗产的基本价值。

（三）传统民居建筑的价值指标

目前衡量侗族传统民居建筑的价值指标，主要参考建筑遗产的价值指标评价体系。价值指标评价是进行保护工作（指定保护计划、确定保护原则与措施等）的前提。要对侗族传统民居建筑的价值作出准确的、接近客观事实的评价，就需要对侗族传统民居建筑有全面的了解。这个全面的了解来自现场调查和分析研究。现场调查的内容要具有广泛性，尽可能地将侗族传统民居建筑的各个方面包含在内，在此基础上对侗族传统民居建筑的价值进行客观的评价。

价值评价指标与内容的明确对形成科学的、正确的价值观有着决定性的作用，而价值观的科学、正确与否对侗族传统民居建筑的保护工作意义重大。所以形成一套科学、全面、完善的价值评价体系是保护工作的前提条件。

借鉴与参考建筑遗产的有关价值评价的标准与指标，试在这里提出一套内容比较全面的用于价值调查与评价工作的标准。这套标准包含四个大项（事实依据、建造背景、建筑设计、可持续性），其具体内容如下：

1. 事实依据

（1）名称：调查与评价侗族传统民居建筑的准确名称。

（2）地点：调查与评价侗族传统民居建筑的具体地址。

（3）房屋使用性质：包括原使用性质；现在的使用性质；使用性质的变化情况等。

（4）所有者／使用者：侗族传统民居建筑所有人；现在的所有者或使用者；他们的变动情况等。

（5）管理情况：侗族传统民居建筑现在的管理者；是否有管理与保护的措施；是否有保护及维护经费。

（6）历次调查与评估情况：若以前曾经进行过调查和评估，其结果可作为本次调查与评估的基础资料，并可从中了解对象各方面的变化情况。

（7）设计师：设计师（掌墨师）在这个地区或是这个时期的重要程度（具有什么样的地位、知名度、个人特点与风格等）。

（8）其他相关信息：根据哪些具体的文献、资料与图片，以及相关人的描述、见闻获得调查与评价侗族传统民居建筑的各方面信息；这些信息来源是否真实、可靠。

2. 建造背景

（1）建造时间

（2）文化分期

①建造背景：在什么样的社会文化背景下建造；在建成后又经历了哪些社会文化的变化；这些变化是否影响侗族传统民居建筑的改变。

②事件关联度：与对社会生活、历史发展产生过较重要影响的事件的关联程度。

③人物关联度：与产生过较重要影响，对社会、地区做出过较重要贡献的历史人物的关联程度。

3. 建筑设计

（1）设计环境

侗族传统民居建筑处在什么样的地理环境中（地形、地貌）和自然气候条件下；四周环境都是什么情况，用地性质是什么；原有的环境是否发生了改变，与当下环境有什么不同；与四周环境关系密切的程度；对所在环境（邻里、整个村落）的连续性、整体性所起的作用等。

（2）文化环境

所在地区属于什么文化地域，具有什么样的地域文化特征；同类型传统民居建筑的分布地域及分布特点及数量。

（3）设计水平

设计构思、设计技巧、形式与细部的处理手法等所体现出来的水平和优秀程度；其构思、技巧、处理手法是否具有特殊性；设计成果是否具有特别的艺术表现力，是否具有代表性。

（4）平面形式

总平面、平面的组成、布局与规模；功能布局是否完整，是否发生过变化，变化的具体情况如何；在同一类型的传统民居建筑中是否典型，是否具有代表性。

（5）立面特色

外观造型、构图关系、色彩、各种装饰细部与构件等；是否完整，是否发生过变化。

（6）室内装修

室内空间布局、室内装修、造型与色彩、细部等；是否完整，是否发生过变化。

（7）结构与材料

采用什么结构形式、构造做法；使用什么材料；采取什么施工方法；是否采用特殊的、稀有的结构形式、构造做法或施工方法，其特殊性的程度如何；是否使用了特殊的、珍贵的、加工难度大的材料，其特殊性如何，珍贵程度如何，稀有的程度如何；其结构与材料是否典型，是否具有代表性；结构（整体构架、构件）是否完整；哪些部分曾经维修或者更换过。

（8）侗族传统民居建筑风格

具有什么风格；该风格出现和盛行于什么时期，影响的范围有多大；该风格是否知名，是否特殊，是否典型，是否有代表性。

4. 可持续性

（1）相容程度

侗族传统民居建筑的性质与其所在地区／地段当前的用地性质、功能、内容、分区等的相容程度。

（2）适应性

可改变原有功能、承担新功能同时不贬损原有价值的可能性的大小；能够承担新功能的潜力的大小（可以承担多样的新功能，或是只能承担某种特定的、单一的新功能）；承担新功能时抵抗损耗的能力的大小（根据结构、材料及环境等各方面状况综合判定）。

（3）基础条件

是否具备延续原有功能或为承担新功能所应该具备的基础设施和条件；为使其具备那样的设施和条件所进行的改变对其价值的影响程度的大小。

（4）维护基金

进行正常的保护、管理的合理基金数额。

以上的这些调查与评价标准应当由实物的勘察结果和综合了实物勘察与相关文献资料的分析结果共同组成。勘察结果是客观现状的描述和说明，分析结果则包含了评价的内容。评价分析的结果用语言作级别描述，为了获得比较精确、清晰的评价结果，可以采用四级评分制，即：很好，好，较好，一般（对于某些评价内容可以根据语言习惯灵活使用如"很重要，重要，较重要，一般"等其他的描述用词）。评价分析时，先对大项中的各个小项包含的各方面内容进行分级别评价，再综合起来得出总的评价级别。

（四）"保护"的概念

以遗产保护理论为参照依据，"保护"一词的概念在遗产保护理论的术语和概念体系中是一个重要且基本的概念，而且是一个有着丰富内容的专业性概念。对于"保护"的概念，不仅要进行严格的、科学的定义，同时也要随着遗产保护运动的发展变化去探讨和调整。

在我国现有的保护法规文件中，《文物保护法》（2002 年修订）对"保护"是直接应用的，没有进行定义。根据具体的条文内容来理解，《文物保护法》所应用的"保护"主要是指"修缮""保养"等这样的工程技术行为。同时列举的"迁移""重建"就行文来看应该是区别于"保护"的行为活动。

2000 年国际古迹遗址理事会中国国家委员会制定的《中国文物古迹保护准则》对"保护"明确作出了定义："保护是指为保存文物古迹实物遗存及其历史环境进行的全部活动。"（第一章 总则 第二条）"保护"的具体措施主要是修缮（包括日常保养、防护加固、现状修整、重点修复）和环境整治，把"保护"行为的实施对象从遗产本体扩大到了与遗产相关的周围环境。在《中国文物古迹保护准则·案例阐释》（2005 年，征求意见稿）的案例解说中，对"保护"概念继续进行了补充和阐释："保护不仅包括工程技术干预，还包括宣传、教育、管理等一切为保存文物古迹所进行的活动。应动员一切社会力量积极参与，从多层面保存文物古迹的实物遗存及其历史环境。"这就把"保护"从单一的工程技术行为拓展为综合了保护工程技术、宣传、教育、管理的社会行为。

国际遗产界对"保护"（Conservation）概念的理解和定义也是一直在变化和扩展的。在《威尼斯宪章》（1964 年）中，"保护"概念是针对遗产的物质层面的，属于抗销蚀的工程技术行为，其目的在于尽可能长久地保存作为物质实物的遗产。主要的措施是"维护"（Maintenance 日常的，持久的）和"修复"（Restoration 指保存和再现遗产的审美和历史价值的技术行为）。《内罗毕建议》（1976 年）对"保护"的定义是"鉴定、防护（Protection）、保护、修缮、复生、维持历史或传统的建筑群及它们的环境并使它们重新获得活力"，增添了使遗产重生、恢复生命力的非物质层面的新内容。《奈良文献》（1994 年）对"保护"的定义是"用于理解文化遗产，了解它的历史及含义，确保它的物质安全，并且按照需求确保它的展示、修复和改善的全部活动"，将"保护"概念扩展到了非物质层面，开始关注遗产与人的精神关联，人类应当通过理解遗产蕴含的内在意义去建立人与遗产之间的关系。《巴拉宪章》的"保护"概念包含更为广义的内容，有保存（Preservation）、保护性利用（Conservational Use）、保持遗产（与人）的联系及意义（Retaining Associations and Meanings）、维护（Maintenance）、修复（Restoration）、重建（Reconstruction）、展示（Interpretation）、改造（Adaptation）。《魁北克遗产保护宪章》阐释"保护"概念的视野更为开阔，以发展作为前提去制定保护措施、实施保护，而保护的目的就是使遗产具有可利用性，能融入人民的生活。

对"保护"概念的定义和理解不能只局限于物质的工程技术干预行为而忽略了"保护"所具有的非物质层面上的重要意义；不仅要重视作用于遗产本体的工程技术干预行为，要同样重视遗产同相关环境在时间与空间上的联系；遗产的"利用"和遗产的"展示"都属于"保护"，而且是"保护"行为活动中的重要内容。没有"利用"和"展示"的"保护"是不完全的、不科学的。如果没有将利用和展示作为保护的内容来实施、操作，就会导致实践中的利用和展示同保护的割裂，甚至是矛盾、对立，产生不利于保护、有损于保护的结果；保护的工程技术干预行为不能仅考虑静态遗产，要同样考虑动态遗产不同于静态遗产的特点和保护要求。

因此，所谓"保护"，其概念应当是理解建筑遗产本体及其相关历史环境并使它们保持安全、良好状态的一切行为活动，具体包括研究、工程技术干预、展示、利用、改善以及发展、环境修整、教育等多方面的内容。

（五）"保护"什么？怎么"保护"？

"保护"什么即保护的内容，怎么"保护"即保护的方法。保护方法会随着保护对象即广西侗族传统民居建筑的保护事业的发展和技术、经济、文化状况等外部条件的变化而发展，增添新的保护内容，丰富、完善原有的内容。因此，保护是一个动态的、持续进行的过程。

同时，这里提到的保护的内容，并不是单一地指保护广西侗族传统民居建筑的物质部分，而是保护与广西侗族传统民居建筑有关的所有信息，并且是一个动态的保护过程，因此，有关于"保护"什么、怎么"保护"是相对较为复杂的概念，可拆解为以下几个部分：

1. 基础信息

基础信息是保护工作的基础，是掌握、了解广西侗族传统民居建筑保护工作各方面状况、获取民居建筑现状基础信息的基础条件。

基础信息的内容包括广西侗族传统民居建筑的现存物质状况、保护现状、管理现状、与其相关的自然环境与社会环境状况。具体的基础信息还应包括测量资料（地形图、专业测绘图，包括航片、卫星照片、遥感影像图等）、自然条件（气象资料、水文资料、地质资料、自然资源）、文献档案、相关文物等。

基础信息的收集所采用的手段应该是以传统的人工勘测记录手段结合现代的信息采集技术。传统的人工勘测记录手段主要包含实地勘察、记录、测绘、拍摄影像资料，现代的信息采集技术主要是全球卫星定位技术、航空遥感技术、地理信息系统、数字航空摄影技术（获取调查对象的三维立体模型）等，所使用的仪器设备包括传统的人工测量工具及全站型电子速测仪、GPS卫星定位系统、激光测距仪等近年来开始普及的先进的测量设备。

基础信息的收集分为普遍调查和针对保护工作内容的专项调查。普遍调查在工作性质上属于保护的前期基础工作，为保护的各项工作提供基础依据。专项调查是围绕一个或几个调查目标展开的调查，可以与普遍调查共同进行，也可以在普遍调查的基础上结合具体一个保护工作的进展进行。专项调查是有明确目的性的信息调查，其目的或着是为某一具体的保护工作，如编制保护规划、制定保护工程方案、制定管理标准和规范、确定展示内容和制定展示方案、开展某项遗产研究等提供完整、详尽、及时、可靠的基础信息资料，或者是专门为解决保护工作中遇到的难题寻找现实的依据。

基础信息的数据和资料的记录、整理方式也应该经过科学、周密的设计，一要能够保证以准确、简单明了且高效率的方式记录、整理采集到的各类信息，二要能够避免因调查者的个人主观因素产生的偏差和错误，保证调查成果的准确性。

2. 分析与研究

分析与研究是发现和展示广西侗族传统民居建筑的内容、价值和文化意义，以及获得广西侗族传统民居建筑各方面信息的保护工作内容，是所有保护活动得以进行的前提和基础。

保护活动的进行是建立在对广西侗族传统民居建筑内容、价值和意义的全面、深刻的了解和把握上的，而这些都需要通过可持续研究才能够达成。而为了给科学研究提供必需的前提条件和基础资料就需要全方位地收集、挖掘民居建筑的各方面信息，所以分析研究同时也是获得广西侗族传统民居建筑信息的有效手段。

侗族传统民居建筑研究应包括三个方面的基本内容，一是民居建筑本体研究，二是民居建筑保护研究，三是具体的保护方法。

（1）侗族传统民居建筑本体研究

侗族传统民居建筑的本体研究内容包括：

①侗族传统民居建筑的组成内容，组织构成的方式，物质结构，空间构成与创造，材料与建造方式，工艺与技术，艺术形象，景观等；

②为侗族传统民居建筑研究提供基础条件的民居建筑相关文献研究；

③侗族传统民居建筑的历史研究（侗族传统民居建筑的形成、产生、演变发展和相关的历

史背景、历史成因研究，相关的历史活动、历史事件及历史人物研究等）；

④侗族传统民居建筑的文化学研究；

⑤侗族传统民居建筑的价值研究与评价；

⑥为保护技术干预提供依据的侗族传统民居建筑原样及其衍变研究；

⑦以侗族传统民居建筑为依据或背景进行的其他相关研究。

（2）侗族传统民居建筑保护研究

侗族传统民居建筑保护研究内容包括：

① 侗族传统民居建筑所在地的自然条件与自然资源研究与分析，侗族传统民居建筑所在地的社会经济状况研究，侗族传统民居建筑所在地的地区文化与传统文化研究，侗族传统民居建筑所在地的建筑传统与工艺技术研究；

②侗族传统民居建筑保护条件和现状研究与评价；

③侗族传统民居建筑破坏因素研究与分析；

④侗族传统民居建筑所需的保护技术研究与实验；

⑤侗族传统民居建筑管理现状和条件研究与评价，保护资金的管理与运作研究；

⑥侗族传统民居建筑展示和利用研究；

⑦侗族传统民居建筑教育研究，发展与改善策略研究；

⑧针对侗族传统民居建筑的具体保护原则、方法及手段研究；

⑨以侗族传统民居建筑作为依据或实际案例进行的普适性保护原则、方法及手段研究；

⑩保护规划实施结果研究与评价，保护工程实施结果研究与分析，侗族传统民居建筑保护的法律法规研究，侗族传统民居建筑保护政策研究等。

整个保护工作的过程中都贯穿着遗产研究工作的进行，保护活动的每一项内容、每一个阶段都有对应的研究工作为其提供科学的支持。

（3）具体的保护方法

广西侗族传统民居建筑保护和发展工作没有多学科、多专业的合作是无法进行的，这一基本特点在传统民居建筑研究中也十分显著，在建筑学、建筑工程、历史学、艺术史、考古学、地质学、地理学、生态学、化学、管理学、经济学、社会学、文化研究、法律、计算机技术、材料学等多学科的参与、协作之下，这些研究工作才能够完成。而有关于侗族传统民居建筑具体的保护方法，也会随着时代的变迁，有更多新的内容出现。现阶段可参照国内遗产保护的方法进行与侗族传统民居建筑的保护方法适应性匹配，列出具体的保护方法及手段，为将来形成完整的侗族传统民居建筑保护方法提供部分参考依据。

技术干预

技术干预是施加于侗族传统民居建筑本体及其相关环境的工程技术措施。在我国的专业和非专业领域一直以来被广泛使用的"保护"这一概念其实指的都是这些对侗族传统民居建筑施加的保护技术，或者可以说技术干预是狭义的"保护"概念。

通过施加技术干预，消除引起侗族传统民居建筑破坏的隐患，恢复其健康良好的状态，使其尽可能长久、稳定地存在并保持其价值和文化意义，这就是对侗族传统民居建筑及其环境进行技术干预的根本目的。

根据技术干预的技术特点的不同、对侗族传统民居建筑的干预程度的不同、所要解决的侗族传统民居建筑的现状问题的不同可以将具体的技术干预方式分为五类——保存、修复、重建、迁建、环境修整。

（1）保存

保存是适用于各种类型传统民居建筑的技术干预方式，是基本保持现状、技术干预程度较低的方式，一般包含日常维护和加固等几类技术措施。

①日常维护

日常维护是经常性的保养维护工程，是最基本的保护技术措施，在直接作用于传统民居建筑本体的各类技术措施中对传统民居建筑干预的程度是最小的。

日常维护内容包括监测有破坏隐患的部分，对可能出现的破坏情况采取预防措施，以及对施加技术措施后传统民居建筑的保护状态进行监测。日常维护在各类技术措施中是最基础、最重要的，因为对于原初状态就比较好的传统民居建筑和经过保护技术干预后的传统民居建筑，只要日常维护工作做得好，就能把传统民居建筑尽可能长时间地保持在良好的状态，这样就可以尽量减少对传统民居建筑的人为干预。对于原初状态就比较好的、经过保护技术干预进入到良好状态的传统民居建筑进行日常维护可以取得理想的、事半功倍的保护效果。

日常维护是不添加新构件、新材料的保护技术措施，它必须定期地、有计划地、严格地按照技术规范进行。

②加固

加固是用现代工程技术手段对传统民居建筑中损伤的部位或是存在安全隐患的、必须采取措施加以解决的部位进行加固、稳定、支撑、防护、补强的保护技术措施，如莎士比亚故居的加固保护案例（图12）。加固措施一般在传统民居建筑出现危及结构的稳定和安全的情况时使用，加固、稳定、支撑、防护从性质上来说都属于物理措施，它们不改变传统民居建筑的物质构成材料的性质。

图12 莎士比亚故居加固保护措施

　　加固措施的使用一直强调尽量不改变传统民居建筑的外观面貌的原则，为加固所使用的现代构件、现代材料要尽可能用在保护对象的较隐蔽的部位，以免破坏保护对象的外观和特征。但是也没有必要为遵守这一原则刻意隐藏所加的措施，因为这也是传统民居建筑存在状态的一种真实反映。不过添加的这些现代构件、现代材料自身的形式、色彩还是要加以谨慎的控制，不能过于突出、显眼。

　　防护措施包括直接施加在传统民居建筑上的防护、遮蔽性的构筑物或建筑物，是为了给保护对象创造一个较为稳定的、少受外界因素侵扰的空间环境。需要防护的传统民居建筑可以是残存的局部和建筑物，或者建筑构件，如一个石柱础、一段残墙、一处基址等，也可以是大面积的完整部分。比如对于经考古挖掘、需要展示的地下建筑遗址，建造保护性构筑物、建筑物，即遗址博物馆，就目前的技术水平来说是较好的选择。现代的大跨度、轻质结构技术为遗址博物馆的建造提供了充分的技术支持。但是在地面基址、地下遗址的原址之上建造遗址博物馆的保护方式对遗址的外观形象和遗址的环境面貌都有很大的改变，所以相关的设计必须有严格的控制，博物馆的形式、体量应该能体现遗址的特点，与遗址所在地的环境构成要素（地形地貌、植物、水系等）的特点协调、自然地共存，以直接的、干净利落的方式满足保护遗址的功能需要，不必在建筑物的风格问题上多做文章。

　　不论是施加于建筑遗址局部的，还是覆盖、遮护整个遗址的，所加建筑物、构筑物都不能对保护对象造成损伤，而且最好是能够拆除的，这样就能为日后实施更有效的、干预程度更小的防护、加固措施预留可能。

　　补强也是经常使用的保护技术措施，是在保护对象易发生破坏的材料或构件表面，如彩绘、壁画、石质构件、木质构件等上喷、涂防护材料以防止腐蚀、风化、剥落等破坏，或是在已发生破坏的部分注入补强材料以提高材料强度。由于这些防护材料、补强材料基本上都是化学试剂，会改变保护对象的材料性能。涂刷在构件表面的防护剂会渗透进材料内部，渗透进去的这部分一般来说是无法除去的，所以这种技术措施在可逆性上是有较大缺陷的，但是它有不改变保护对象外观的优点，并且对于如石质材料、夯土、彩绘、壁画等的破坏问题，化学防护措施还是较为理想的解决方法。对于一些特别重要的、价值特别突出的、不能采取修复措施进行保护的构件或材料，化学防护就是唯一的选择。

　　总的来说，这些物理的、化学的加固措施都会对传统民居建筑产生一定的影响，物理措施虽然与化学措施相比可逆性较好，但是使用的现代新材料与保护对象原有的材料在力学性能上差异很大，所以会改变保护对象整体的受力情况，由此可能会产生一些潜在的结构安全问题。而化学措施改变了保护对象的材料性能，虽然在外观上不会显现出来，但是实际上已经影响了保护对象的材料真实性。

　　（2）修复

　　修复是使发生破坏的传统民居建筑恢复原状的技术措施。其具体的措施内容包括：对损伤的、变形的结构部分进行维修，对产生位移、错动、歪闪、拔榫现象的构件进行恢复（打牮拨正，大木归安），排除安全隐患；对损坏的构件进行补修（如墩接、挖补），对损坏严重无法修补或修补后无法满足使用要求的用复制的新构件进行更换；添补缺失的构件；Ⅳ．重新制作构件表面的彩绘、油饰部分；清理、去除后代添加的价值、意义很小，与保护对象未形成整体关系的构件。

修复是不得已才应用的措施。它对传统民居建筑的真实性影响是比较大的，很多看上去非常衰老、陈旧的传统民居建筑，其实可能处在一个平衡的、稳定的安全状态，施加不必要的保护技术干预，反而会破坏这种平衡状态。什么情况下需要采取修复这样的措施是必须经过全面的分析、严格的监测的，只有在确认存在严重的结构问题、不修复就会影响传统民居建筑的存在的情况下才能作出进行修复的决定。修复对传统民居建筑的干预程度也是比较大的，但是在实际中是应用最为普遍的保护技术措施，因为处于健康、良好状态，只需进行日常维护的传统民居建筑毕竟是少数，大部分的传统民居建筑都需要经过内容不同、工程量不同的修复后才能够达到只进行日常维护即可的状态。

传统民居建筑的修复必须以基础信息成果、价值评估结果和传统民居建筑研究成果为依据来制定修复的方案，这样才能保证修复的可靠性和科学性。

①依据什么进行修复

修复是使破损的传统民居建筑恢复原状，那么"原状"又是什么？

"原状"是一个相对的概念，一般来说是与现在我们所见到的传统民居建筑的状态相比较而言的。相对于现在，传统民居建筑的原状有三种可能：

一是传统民居建筑最初建造生成时的状态，即"原样"。原样的状态是最完整、最原真的状态。这种原初的状态是一种最原始的、理想的状态，但是关键的问题是我们怎样才能获知、了解传统民居建筑的原初状态呢？对于经历较长时间的传统民居建筑，这是比较困难的。但对于近现代传统民居建筑来说还是有可能了解、掌握、确定它的原初状态的。以原初的状态为目标进行修复的另一个问题是会造成传统民居建筑历史信息的丢失，从建成到实施现代的保护技术干预之前的这些时间里所产生的信息都会被抹去，这无疑是对传统民居建筑真实性的损害，造成传统民居建筑价值的降低，除非是原初状态所具有的价值远远高于以后时间里所产生的所有价值，而且这一认识得到普遍的认同和接受。在修复实践中，以原初建造时的状态为目标实施修复的比较有影响的实例有 20 世纪 70 年代的南禅寺大殿的修复，传统民居建筑修复为原初状态都是有具体的背景原因的。

二是传统民居建筑在历史上某一个时间段或时间点时的状态，这样的状态有很多个，那些经历时间越长的传统民居建筑这样的状态就越多。选择确定这个状态需要充分的信息，应该是以我们所掌握的信息的数量、质量作为选择确定的依据，传统民居建筑哪个时间段（点）的信息掌握得多，就选择哪个时间段（点）时的传统民居建筑状态作为"原状"。但是实际上在选择、确定这个状态时，目前的常用标准更多考虑的是文化方面的因素，把今人理解、想象中的，存在于某一个历史时期的状态当作最完美、最辉煌的状态并确定为传统民居建筑的"原状"，以此来特别强调某种文化的象征意味或是实现某种政治功能。就某一历史时期的传统民居建筑状态及这一历史时期的社会、经济、文化状况来说是有文献给我们提供了解的基础和依据的，但是加上某种人为的历史想象和文化臆测所产生的所谓最典型、最辉煌的传统民居建筑"原状"就带有了很多的主观色彩，也就是说虽然这个状态本身是客观的，但是我们今天选择、确定这个状态的依据、观点却是主观的。比如以 "鼎盛期"状态作为传统民居建筑修复要达到的最终状态，必然会损失一部分在这个"鼎盛期"之后产生、形成的价值内容，这与现在已普遍接受的要保存历史上不同时期遗留在传统民居建筑上的印记的原则相违背。况且，一个社会的"鼎盛期"与传统民居建筑的"鼎盛期"未必是同一的，当一个社会的文化、经济、政治发展到繁荣时期时，具体到传统民居建筑，就不一定是传统民居建筑自身发展演变所达到的最高峰的时期，所以这个"鼎盛期"还有偷换概念之嫌。因此，是否能够把历史上某一时间段（点）的传统民居建筑存在状态作为"原状"，不能以主观喜好和某种价值取向来选择确定，只能以现今能够获得、掌握并理解的信息、资料为依据来确定。这个状态有可能是传统民居建筑曾经规模最大、最完整的状态，也有可能是经过某次大修或增建、扩建后的状态，还有可能是经历过某次巨大的破坏之后存留的状态等等。

三是现在对传统民居建筑实施保护技术干预之前的状态，可以设想为是我们第一次发现、看到该传统民居建筑，尚未对其施加任何的保护措施时它具有的状态。这个状态如果是健康的、良好的，进行日常维护即可，不再需要施加干预程度更高的其他保护技术措施，那么一般来说就可以把这个状态确定为该传统民居建筑的"原状"，并把它完整、详尽地记录下来，建立该传统民居建筑的全面信息档案，作为日后进行保护工作所依据的"原状"。如果传统民居建筑是以破损状态存在的，那么还需要进一步分析具体情况。如果破损、缺失的物质组成部分传统民居建筑自身就可以提供充分的依据来恢复，那么就可以将此状态作为"原状"，施加保护技术措施就是为了使这个状态更安全、更健康、更良好。在这种情况中，破损、缺失的物质组成部分还有相同或相近的同类构件或部分存在，现存的构件、部分可以作为修补和复制的样本，也就是说传统民居建筑自身携带有能够提高自己的物质完整性的信息。假如少量丢失的信息传统民居建筑自身无法提供，但是可以在同一历史时期、同一类型、同一地区的其他传统民居建筑中获得，那么也可以被认为是属于这种情况。在恢复传统民居建筑的物质完整性的同时要注意检查、评估因这些部分的破损、缺失而丢失的信息是否随之恢复。如果是由于客观的因素确实无法恢复材料中潜藏的信息，就需要提供可供参考的同类型传统民居建筑的信息，或利用虚拟建造等技术手段。总之，仅有物质组成部分的恢复是片面的，必须同时还有信息的恢复，二者缺一不可。另一方面，如果现存的传统民居建筑自身已经无法提供充分、可靠的修复依据，那就只能以我们掌握、了解的传统民居建筑某一个时间段（点）的状态作为"原状"，这种情况下可以归为第二种""原状"情况来处理对待。

② 修复的原则

修复是保护技术措施之一，其干预程度较高，会对保护对象的传统民居建筑的真实性造成或多或少的损坏，结果会一定程度上影响传统民居建筑的价值，所以实行时必须有严格的原则并加以控制：

·有关于修复的技术手段和材料，必须首先考虑使用传统的技术手段和传统的材料。

传统的技术手段和材料不能解决问题时再考虑使用现代的技术手段和现代材料。所选用的现代技术和工艺、现代材料必须是经过长期使用的、成熟的，对传统民居建筑的原有结构、原有结构构件不会产生改变其受力状态和性能的副作用。同时，还要考虑所选用的现代技术和工艺、现代材料与传统技术、工艺、材料的相容程度，是否会有冲突和影响。

不仅对现代技术和工艺、现代材料的使用要十分慎重，对传统技术、工艺和材料的使用也要十分慎重，因为传统技术、工艺的散失、消亡、水平下降和传统材料制作水平的降低会造成虽然使用的都是传统的技术、工艺和材料，但是仍然导致破坏传统民居建筑真实性的情况。

·修复要尽可能地降低对传统民居建筑的物质组成的干预程度。

也就是尽量少做，对于损坏的构件能修就修，尽量不要更换。落架大修这种解体式的修复手段是在其他技术手段不能解决问题（主体结构损坏严重、主要结构构件损伤严重）的情况下采取的不得已而为之的办法。

·修复进行一次应该能够尽可能彻底地、长时间地解决问题，使传统民居建筑经修复后达到的健康良好状态能够只用日常维护即可持续下去。

·各个历史时期留下的印记应该尽量保留，有条件的应当给以清晰的说明。

辨识出具有不同时代风格、特征的构件和细部对于研究者和观赏者而言都是一种令人满意的享受。

·修复的目标是恢复传统民居建筑所携带的信息，而不是为了追求物质组成上的完整无缺。

由于信息需要依附于物质载体，信息的恢复就需要通过对物质组成的恢复来实现，所以修复就表现为针对传统民居建筑的物质组成实行的保护技术措施。在保护实践中，要避免只注重传统民居建筑物质组成的恢复、忽略信息恢复的情况发生。

·如何理解建筑修复的"修旧如旧"原则？"修旧如旧"这一概念一直未有过明确、严格的界定，使得它在保护的实际操作中很难把握尺度。如何理解建筑修复的"修旧如旧"原则？从实施"修旧如旧"的很多案例来看，这种修复方式更多是应用于主体结构的表面处理，比如木构件的彩绘、油饰及瓦件等需要周期性地重新制作和更换（脏污的彩绘可以用化学试剂进行清洗，使之恢复部分光泽），而它们的重新制作和更换对建筑物的外观都有显著的影响，往往会造成焕然一新的效果。彩绘、油饰的部分在重新制作以及清洗、维护中都可以使用"做旧"手法，适当降低色彩的饱和度和亮度，使之与建筑物的"年龄"相称，但是"做旧"的效果与时间和自然风雨赋予建筑物的沧桑、古朴的真实的历史感还是有区别的，不过这也正好显示了修复部分与原有部分的区别。

然而，传统民居建筑主体结构部分的修复结果是不能"如旧"的，因为这样做就失去了修复的意义；也是无法"如旧"的，因为无法把修复过的结构做出不健康、不正常的"旧态"，这也是违背结构的真实性的。能够"如旧"的其实只有结构构件表面的彩绘、油饰。同理，围护的部分，如墙体、格扇等，和建筑物的台基、踏道等的修复结果除了材料表面可以进行做旧处理外，也是无法"如旧"的。总的来说，"修旧如旧"是针对修复的外在表现效果而言的，通过对各种木构件表面的彩绘、油饰以及砖、石、瓦等材料表面的"古旧"感处理，同时控制这些修复内容与原有部分之间新旧对比程度（在材质、色调、肌理等方面的对比）来维持建筑物的历史感，使建筑物的面貌具有整体性，不会因某一部分的焕然一新而破坏了整个建筑物的和谐的形式和美感，同时也是对建筑形式、外观上的真实性的维护。所以，"修旧如旧"对于修复古代的木构建筑是必要的。

"修旧如旧"是物质层面修复内容的控制性原则之一，对于非物质层面的信息则不能修旧如旧，而应该"修旧如新"，尽可能地恢复、再现因保护对象物质部分的破坏、损伤而丢失或残破的信息。

• 西方古典的石构建筑的保护方法主要是保存残损的片段，一个构件，或是一个砌块，或是一段装饰物，和保存处于残缺、破败状态的建筑物，这种方法目前对于传统民居建筑的保护应用得非常少。

我国对于建筑的保护较为趋向于整体的和谐与美，因此在传统民居建筑保护方面是比较排斥"残缺之美"的，倾斜下沉的屋架、歪闪残缺的柱头、滚动移位的檩木等，这些破坏、损伤的现象所造成的传统民居建筑的面貌、现象无论是在直观的视觉上还是在心理上都是令人难以接受的，更主要的是这些问题无法通过日常维护来解决，日积月累最终会导致更严重的乃至危及建筑物整体安全的破坏。

• 任何一种修复措施都会或多或少地造成保护对象信息的损伤、破碎乃至丢失，如果损伤、破碎、丢失的只是次要的、价值一般的信息，而通过修复恢复再现的信息则是重要的、价值突出的、在他处难以获得的，这样的修复就是值得做的、应该做的。

• 对于砖、石构的保护对象，如果残缺的状态比修复后的完整状态更具价值和文化意义，并且残缺的状态是相对安全、稳定的，在较长时间内不会再发生进一步的、更严重的、危及其存在的破坏，那么就没有必要进行修复，只施以日常维护即可。

③修复结果的评价

修复工程结束后还有两项重要的工作内容，一是对修复后的传统民居建筑的状态进行监测，以了解修复对传统民居建筑造成的物质层面和非物质层面的影响，掌握修复后传统民居建筑的保存状态的变化，并检验修复技术的实际应用效果、修复后的安全稳定状态能够持续多长时间。这部分工作内容可以作为日常维护的一部分同其他日常性的监测工作共同进行。二是对修复结果进行评价。评价修复结果的目的在于总结修复工程取得的经验和成果，为日后的保护工作积累资料并为同类型的其他遗产的修复提供参考。

保护结果的评价应该包括以下几个基本内容：

• 修复对传统民居建筑信息的影响。一方面是修复恢复、再现了多少信息，这些信息的价值如何，恢复、再现的质量如何。另一方面，修复可能又造成原有信息的丢失，那么丢失的信息价值如何。最终得出修复对传统民居建筑价值影响的综合结论。

• 修复对传统民居建筑物质组成内容产生的影响。是否解决了修复前传统民居建筑存在的各种问题，解决的质量如何，采用的现代技术、现代工艺、现代材料对保护对象的原有物质组成是否造成损伤，修复后传统民居建筑的整体结构状态、外观面貌如何，修复采用的技术是否可逆，可逆的程度如何等。

根据两大方面的综合评价得到最终的评价结论，得大于失，就是成功的、可以肯定的修复，反之，则需要对修复技术、修复方案进行检查、分析，看是否能够提出补救方案，通过物质的或非物质的措施来弥补、减少对传统民居建筑的不利影响。

（3）重建

①重建的概念与目的

重建是修复的一种特殊情况，是使已经损毁的但存留有基址或残迹的、或破坏到无法修复的传统民居建筑恢复原状的技术措施。

对于已经损毁的但存留有基址或残迹的传统民居建筑，可采用的保护方式基本上有两种：一是保存现状，二是重建。从国内外广泛的遗产保护实践来看，保存现状是最普遍的保护方式，因为对很多已毁遗产而言，基址或残迹也具有很高的价值，其物质形态是否完好对于价值和文化意义的表达、传递已不是决定性的影响因素。在有的情况下，物质形态的不完整虽然影响了传统民居建筑的价值和文化意义，但是由于没有充分的、确凿的信息来支持对其物质形态的恢复，也就只能选择现状保存了。国际遗产保护界对于重建这一保护方式的认可不过二十几年的时间，《雅典宪章》和《威尼斯宪章》都是反对重建的，二战后一些毁于战火的欧洲城市进行了大规模的重建活动，这些恢复城市功能、恢复城市物质结构、满足人民生活与情感需求、再造人民生活环境的重建得到了国际普遍的承认和尊重，重建后的华沙作为文化遗产列入世界遗产名录即是最好的说明。国际古迹遗址理事会对重建的认可在1982年的《佛罗伦萨宪章》中体现出来，它一方面将重建作为历史园林的保护方法之一，另一方面明确提出重建应该具备的条件。国际古迹遗址理事会的《考古遗产保护与管理宪章》（1990年）也是认可重建的，澳大利亚国际古迹遗址理事会的《巴拉宪章》（1999年）认为重建就是使遗产恢复到较早的已知状态。

以木构建筑体系为主流的广西侗族传统民居建筑极易遭受火灾的影响，近年来有部分村落遭受了严重的火灾，导致整个村落民居建筑遭到严重的破坏。在遗产保护理论当中，重建是极为普遍的、由来已久的，虽然过去的重建主要是为了延续或再度获得使用功能、满足实际的使用需求，但是实践做法和操作经验延续到今天对于为了保护、传承传统民居建筑而进行的重建仍是非常宝贵的知识财富，其本身就已经成为有着突出价值和意义的文化遗产。

虽然国内外遗产界在重建的实施必要性、实施方式、完成后的效果评价等多个方面都存在着很多争论，但是作为一种保护技术措施，重建在近些年越来越显示出重要性。由于社会状况的变化、经济的发展、文化需求增长等现实因素的影响，传统民居建筑重建因其具备的满足日益增长的文化消费需求的能力和文化象征意义正在成为一股热潮。在这股热潮中不乏为了追求经济利益及政绩而进行的重建。这些具有功利性动机的重建是必须避免的，重建的目的只能是与被重建传统民居建筑的价值和文化意义有关。具体来说主要有以下几种重建目的：

· 价值及文化意义特别突出、重大的被毁传统民居建筑，尤其是那些曾经被作为国家、民族的文化标志和精神象征的被毁传统民居建筑，其残迹或基址无法表现、传达其价值和文化意义，为了使人们能够理解、感受它们的价值和意义，有必要进行重建，使被毁传统民居建筑重新获得实体感。

· 具有为当今所需要的使用功能的被毁的传统民居建筑，一方面具有突出的价值与文化意义，另一方面具于富有生命力的使用功能，为了延续生活、延续文化传统，使人们能够重新使用它们、理解它们、感受它们，也为了它们能够重新进入人们的生活，有必要进行重建。

· 为提高以组群状态存在的传统民居建筑的物质完整性，重建组群中损毁的传统民居建筑，这些传统民居建筑本身可能价值突出，也可能价值一般，它们是否具有重要性、所携带的信息是否具有突出的价值都不是这类重建的决定因素，决定因素是这个建筑组群是否具有突出的、特别重要的价值和意义，而物质组成的不完整会对该组群的价值和意义的展示造成比较大的不良影响，所以有必要重建被毁的次要组成部分。

概括说来，重建被毁传统民居建筑主要有两个目的，一是展示目的，二是展示及重新使用目的。简言之，重建被毁传统民居建筑就是为了让人们能够真实地理解、感知、体验传统民居建筑的价值和文化意义。所以，重建得到的是"传统民居建筑遗产"，而不是新的建筑。同时，这三种重建目的也是可以采取重建这种保护技术措施的三种情况。

②重建的前提条件

除了目的明确，被毁传统民居建筑的重建还必须具备一定的可行条件，最主要的是对被毁传统民居建筑的各方面的掌握程度。重建必须建立在重建传统民居建筑有充足、详尽、确凿可信的资料和深入、全面的研究的基础上，而且这些资料应该不仅仅只有档案文献性质的、记录在纸或其他介质上的，还应该有被毁传统民居建筑的亲历亲睹者提供的第一手见证资料，关于被毁传统民居建筑的形象、使用、空间感受、现场氛围、相关的人和事等。前者的信息比后者稳定、客观，保存时间也更长久一些，后者则是珍贵的、鲜活的，给前者那些纯客观的信息注入人的情感。但是能够决定被毁遗产的重建是否可行的只能是前者。

根据掌握信息的多少来决定一个被毁传统民居建筑是否能够重建是一种客观的判定方法，这个方法也同时决定了把被毁传统民居建筑按照它曾经存在的哪一个时间段的状态作为重建目标的问题。

不是所有重要的、需要重建的被毁传统民居建筑都能重建，没有基址留存的不能重建，因为没有空间位置的真实性的重建是失却根本依据的重建，是没有意义的。从时间方面来说，如果该时间段的传统民居建筑信息、资料我们掌握得不充足，那就不具备重建的条件。如果基址或残迹没有明确的时间特征，可能是多个时间段的状态最终累积而成的结果，那么就需要根据我们所掌握的信息、资料进行具体的分析、研究来确定能否重建。

保留下来的有关被毁传统民居建筑各方面信息的真实性如何是决定传统民居建筑能否被重建的根本因素，这些信息的真实性直接决定了被毁传统民居建筑重建后信息层面的真实性。这些被毁传统民居建筑各方面信息的真实性包括以下这些内容：地点，位置；内部结构，构造；外形，色彩；材料；内部和外部的装饰；施工技术与工艺；自身的内部环境，外围相关环境（自然环境和社会环境）；景观（被毁遗产曾经构成的自然景观和人文景观）；相关人物、事件和活动等。资料越多越好，数据越详细越好，这些信息要能够覆盖被毁传统民居建筑的方方面面，数量、全面性、深度、细节，缺一不可。而且对这些信息还必须加以比较、检验、核对，筛去其中存在的不正确、不可信的信息。

被毁传统民居建筑的信息不仅决定了传统民居建筑重建后所携带信息的真实性，也同样决定着重建后传统民居建筑的物质真实性。实际上重建后的"传统民居建筑"的物质实体只不过是重建实施者所掌握的被毁传统民居建筑信息的物化，即重建实施者将其掌握的信息通过具体的工程技术手段物化为建筑实体，这个实体就是重建的传统民居建筑。

我们所掌握的被毁传统民居建筑的信息不可能是完全的、充分的、一点不缺的，总会有少量信息碎片丢失，这就势必影响到这部分丢失信息所对应的物质内容的重建。处理这种情况要注意两个基本原则，一是要分析确定这些丢失信息的数量和是否是关键性信息；二是对这些丢失信息所对应的物质重建内容进行的推测必须有科学的、可信的依据，不能是主观臆测和想象。这些依据包括被毁传统民居建筑现有的其他信息和现存的同类传统民居建筑的同类信息。并且这部分的重建内容应是可识别的，区别于其他的重建内容，还应该具有可逆性，以备日后有更好的解决方案，或是获得更可靠的推测依据时可以进行替换。

③重建的方式

对于被毁传统民居建筑的重建，有几种可供选择的方式，一是原址重建，二是非原址重建。

原址重建自然是最符合真实性原则的重建方式，也是首先应该考虑的方式。采用这种方式需要考虑如何保护原址，即要在保护原址的前提下进行重建，一方面是对原址的保护，采取防护、加固、修整等保护技术措施，另一方面是对重建工程的要求，直接接触原址、与原址有相互作用的重建技术做法与材料不能对原址有不良影响，不能改变原址的物质性状。这些技术做法应该具有可逆性。在确定重建方案时最好能够将原址展示出来，或者只将最典型、最能说明传统民居建筑特征的部分展示出来。

非原址重建使重建后的"传统民居建筑"不具有空间位置方面的真实性，同时还丢失了传统民居建筑本体与周围相关环境关联的真实性，对于有些类型的传统民居建筑，由于建筑本体与环境的关联是决定其价值的重要内容，地点位置的改变就会产生较大的影响。除空间位置之外其他方面的真实性，原址重建和非原址重建没有差别。选择非原址重建的决定性原因是原址的价值，如果原址也同样具有突出的价值，必须展示，或者有很多尚未揭示、研究清楚的问题，还需要进行现场研究，那么就只能采用非原址重建的方式。非原址重建方式应该是在原址和重建部分能够共同展示，这样的共同展示可以使受众直观地接收原址传达出的信息，同时接收重建后的传统民居建筑传达出的信息，还可以进行二者的比较，由此可以获得更为丰富多样的信息，增加对传统民居建筑的认识和理解。

非原址重建方式应该说比较适合于动态传统民居建筑的重建，动态遗产由于要服务于日常生活、使用频率高，损坏的几率也就大，在重建完成进入使用状态后可能会需要经常性的修缮，从保护原址的角度考虑，非原址的重建便于对原址实施保护。

但是非原址重建产生的一个新问题是重建的选址，重建地点要尽可能地与原址具有相同或相似的环境要素和环境构成特征，尤其是前述的那些类型的传统民居建筑，寻找合适的重建地点对其重建后传统民居建筑的真实性有着很重要的影响。所以从这个角度来看，非原址重建其实是一种实施难度较大的重建方式，因为重建用地的选择是一个重要的客观限制因素。

对于要满足迫切的使用需求的已损毁传统民居建筑，还有一种非原址的"重建"方式，即将基址或残迹经过维护、修整，进行现状保存和展示，在其附近建造一个新的建筑来代替已损毁的原建筑满足人们的使用需要。这是从英国二战后的一些重建实践中得来的启示，比如考文垂市，在重建毁于战火的大教堂时采用的方式是将教堂残留的墙体保存展示，在残迹近旁新建了一座现代主义风格的大教堂。因为该教堂对所在社区的众多居民是不能缺少的，重建十分必要。重建的实施者采用了这样一种方式，展示遗迹，让后人直观地了解战争给这个城市带来的破坏，同时用新的方法、新的建筑技术手段建造新的教堂，这个新的教堂也会和被毁的老教堂一样进入社区居民的现在及将来的生活（图13）。这种非原址的"重建"方式当然不属于前文讨论的真正的重建，应该说它既是遗产保护的方法，同时也是具有历史语境的新的建筑创作，它以当下的建造方式与技术满足实际的使用需要，"重建"的新建筑以继承被毁传统民居建筑的功能和名字的方式加入到被毁传统民居建筑的历史中，和现状展示的传统民居建筑一同延续着它的价值和意义。

（左边为旧教堂残迹，右边为新建大教堂）

图 13 考文垂市非原址新建大教堂

④重建的原则

重建要遵循的原则之一是不论采取原址重建的方式还是非原址重建的方式都必须保护好原有的基址或残迹，这是重建的根本性依据。对于基址或残迹的保护同发生破坏的遗产的保护是一样的，首先要去除威胁其安全存在以及会使其进一步破坏的因素，然后用日常维护来维持其安全、稳定的状态。

重建必须使用与原传统民居建筑相同的建造技术、工艺和材料。这是保证重建后的"传统民居建筑"的真实性的前提条件。留存至今的很多传统民居建筑在其存在历史中都经历过重建、大修，有的还几经损毁和重建，在今天我们并没有因它们曾经重建而把它们排斥在传统民居建筑的范围之外。它们在重建后经历的足够的时间是使它们能够成为遗产的原因之一，还有一个潜在的原因是它们的重建采用的是相同的结构体系和材料，虽然具体到结构处理手法、构件做法、装饰风格等方面必然会有时间的差异，但总是在木构体系的框架之内，营造的观念、方法与技术都是一脉相承、前后递进的，不像我们今天的现代建筑相对于古代建筑在设计观念和方法、技术、材料上都是突变性的，所以必须使用与原遗址相同的技术、工艺和材料。传统建筑技术、工艺和材料的使用并不排斥新的因素，比如用新的技术与传统技术相结合解决传统技术、材料难以克服的问题，弥补传统材料的缺陷，同时改进传统工艺、施工工具等，使传统的营造技术既延续又发展。

⑤重建的结果评价

重建结果也需要评价，评价的重点在于重建多大程度上实现了被毁传统民居建筑的物质真实性，并且在多大程度上具有被毁传统民居建筑曾经具有的价值和文化意义，还能否承担起被毁传统民居建筑曾经承担的功能。如果在这三个主要方面都能获得很高的评价，就可以认为重建物在某种程度上是能够等同于被毁传统民居建筑的，它自身也具有了可以长久存在的价值，那么就要把它同被毁传统民居建筑的基址或残迹一起共同保护、传承下去，在将来重建物很有可能成为真正的传统民居建筑。如果重建物在这三个方面都完成得不好，那么它就不能被视作等同于被毁传统民居建筑，因为我们重建传统民居建筑主要就是为了实现这三个目的。所以重建被毁传统民居建筑的决定一定要经过十分慎重、严密的考虑，从明确重建的目的、检验所具备的可行条件，到确定重建的方式和重建的具体技术方案，直至控制最终的结果，每一个环节、步骤都必须是科学的、严密的，这样才能避免得到一个偏离目标的重建结果。

（4）迁建

迁建是将传统民居建筑进行易地保护的技术措施，即将迁建对象拆分成基本构件与组成部分，然后移至他处组装、拼合，恢复为整体原貌。迁建可以视为一种极为特殊的重建。迁建同时还提供了彻底检查迁建对象的保存现状、去除安全隐患、进行全面维护的理想机会，这样可以使迁建后的传统民居建筑通过迁建兼修复、维护的过程进入到良好的保护状态。

就保护措施对传统民居建筑的干预程度而言，迁建无疑是最大的，它对传统民居建筑的每一个物质组成部分都作了干预。所以迁建应该是别无他法的选择。

需要进行迁建的情况主要有：因不可抗拒的自然原因，如自然环境的巨变，或是自然灾害的频繁发生，使得传统民居建筑无法再实行原址保护；受到特别重大的建设工程的影响，如因修建水库而处于淹没区等，无法实行原址保护；一些独立存在的单体传统民居建筑，原来所属的建筑组群的其他组成部分已经损毁，又受其他多方面原因影响，在原址难以保护的，可以将其迁建至其他合适的建筑组群内，或者另择新址进行迁建。

迁建还必须具备一定的技术条件，那就是被迁建的传统民居建筑在结构和构造上具有可拆分、可组装的特点。在制定迁建的实施方案时必须考虑到构件变形对重新组装产生的影响，主要是木构件，由于木材具有弹性，在使用中一直处在受力状态下的木构件被拆卸后会发生变形，导致榫卯无法咬合在一起。对于构件变形问题应该在拆卸工作开始之前就采取预防的措施。实在无法组装的构件，只能用复制品代替，同时要将替换下来的原构件添加到传统民居建筑展示的内容中，以弥补替换原构件造成的真实性损失。

迁建地点的选择是传统民居建筑迁建的一个关键性内容，必须寻找与传统民居建筑原址的自然环境与社会环境都非常近似的地点，以减少因迁建空间位置的改变给传统民居建筑价值造成的损害。

（5）环境修整

环境修整是对与传统民居建筑相关的自然环境与社会文化环境进行整理、维护的综合性保护技术干预措施，既有对环境现状的保存、对环境质量现状的改善和提升，又有对已经消失的环境构成内容的恢复，还有对已经形成的环境特征的呈现、发扬、优化和发展。

根据其侧重解决的环境问题的不同，环境修整可以分为两类基本的内容，一是消除传统民居建筑相关环境中各种危及传统民居建筑安全和健康存在的自然及人为的破坏因素，包括防治环境污染（工业污染、汽车尾气、生活垃圾、烟尘、噪声），清理会影响传统民居建筑的工业设施及生产性建筑、交通设施，建立防御自然灾害及自然环境恶化（沙化、泥石流、山体碎裂、滑坡、大风、暴风雪）和防治生物侵害（植物、微生物、动物）的防护体系，还包括日常的环境监测，并建立环境质量和灾害的监测体系；二是修整景观，对构成传统民居建筑环境特征的各种要素进行保护，对与传统民居建筑环境特征不协调的要素进行整顿、修理，以提升环境景观质量。

环境修整对于传统民居建筑保护不是可有可无的或是锦上添花的，而是基本的保护方式之一。环境直接影响着遗产的保存状态和保护质量，环境不仅是传统民居建筑的物质组成部分，也在很大程度上决定着传统民居建筑的非物质组成内容。人的日常生活和行为促使其所在环境的构成内容和特征的形成，反过来环境的构成内容和特征又导致日常生活和行为习惯的形成。环境的构成内容和特征同环境中容纳的生活和各种活动相互作用、相互影响，构成息息相关的整体，从这个意义上，环境也参与到了传统民居建筑的非物质组成内容当中，成为其中的一部分。所以，环境是传统民居建筑不可分割的有机组成部分，不论是在传统民居建筑的物质层面，还是非物质层面。这就是传统民居建筑与环境和谐共生、相互依存的关系。

环境修整的第一类内容相对而言是客观性的、技术性的，较多地用于解决自然环境的问题，但是其技术选择与使用也包含着保护实施者对环境的价值和文化意义的理解、对现有的自然与社会环境的尊重。任何一种技术的使用都有着双重的效果，它一方面解决了我们眼前的环境问题，而另一方面又可能导致新的潜在的不良影响因素的产生，这些不良影响可能会潜藏很长时间才表现出来（所以对遗产环境进行监测是非常重要的保护内容）。因此，我们在进行环境整治技术的选择时必须有长远的、全面的考虑，要符合可持续发展的原则，要符合生态法则，同时要不断探索、研究新的、更有效的、副作用更小的技术。

在我国目前的传统民居建筑保护实践中，环境景观的修整主要集中在对环境中与传统民居建筑不协调的建筑物、构筑物及设施（如各种线路、广告牌等）的拆除、清理，对环境进行清洁、美化，加强绿化，设置必要的公共服务设施等内容上，而忽视了如何通过环境修整突出环境的特征，更鲜明地体现环境所具有的价值，传达环境的文化意义，还常常因整治、美化削弱或遮盖甚至是彻底破坏了传统民居建筑环境的特征。传统民居建筑同它本来富有生机活力的环境经过所谓的整治、美化，丢失了经历时间与传统民居建筑共同积累形成的构成内容与结构特征，丢失了历史与文化传统的延续性，成了缺乏地域特征、文化特色与历史美感的普通的、随处可见的、千篇一律的"新"环境，而这新环境是与传统民居建筑没有和谐、共存的内在关联的，影响甚至破坏了传统民居建筑在环境方面的真实性，从而导致传统民居建筑价值的降低。

对环境特征的强化和提升经常被忽视，一方面是因为没有真正理解传统民居建筑环境是传统民居建筑的组成部分，而是孤立地、片面地将环境视作为传统民居建筑提供背景的外部元素，错误地、简单化地将传统民居建筑与环境理解为"图""底"关系。另一方面是因为没有深入、透彻地研究、分析传统民居建筑环境的特征及组成要素，缺少了这个环节，突出环境原有特征的景观修整工作就缺少了操作的基础。保护工作者要努力探索、寻找并提炼这个特征，因为使用它们的、生活于其中的人们往往发现不了、体会不到这个环境的特殊之处，他们对那些有价值、有意义的东西有些熟视无睹，尽管他们自己就是这些特征的创造者之一，并且也是这些特征中的一部分。

环境的特征由多方面的要素构成，进入人们的视线、作用于人们的感觉的是各种自然和历史、文化要素的综合体，要掌握这一环境整体的特征 —— 景观，需要从这几个方面入手进行观察和分析：

一是构成传统民居建筑所在地的地区性特点的自然要素以及它们与存在于其中的传统民居建筑的关系（平原、丘陵、盆地、山地等，传统民居建筑以何种状态和方式建造于其中 —— 散布、集中、孤立，是顺应自然条件和特征的、因地制宜的方式，还是忽视自然条件和特征的、自我独立的方式）；

二是在该地区内人们长期以来的生活、生产方式和土地的使用方式所形成的该地区的文化及传统特点（不同的聚居类型 —— 城市、集镇、乡村；农业型的、商业型的、交通枢纽型的、制造业型的以及相应的文化）；

三是自然与人类活动共同形成的景观的类型（制造业及商业型的城镇景观，农业型的乡村景观；山地建筑群、园林胜迹、滨水建筑群、山间水畔旷野中的独立建筑物等）；

四是传统民居建筑环境的气氛、情趣、空间感、场所精神等无形要素和日常生活、生产经营、节日活动、集会贸易等有形的社会文化要素。

这些自然的和社会文化的要素在时间的作用下形成一个自我完善、具有特色且能够自我演进的整体，为生活于其中的人创造适宜、美好、亲切的空间场所，为存在于其中的传统民居建筑提供积极有力的环境支持。

现今的传统民居建筑保护工作越来越重视传统民居建筑环境的保护，这无疑是可喜的进步。但是保护的思路、方法与以前相比并无实质性改善，具体内容仍然还是现状清理、拆除影响景观的建筑物和构筑物及设施、美化绿化这些基础性的环境修整工作，没有更深层次地从传统民居建筑环境与人的整体有机关联入手去进行环境修整的设计和实施，这样的环境修整做得再认真、再仔细也只是起了一个舞台布景的作用。从传统民居建筑保护的长远发展来看这并不是我们真实需要的环境保护。

除了忽视传统民居建筑、环境与人的生活的关联之外，另一个普遍的问题是局限性，即环境保护的视野过于狭窄。为保护文物保护单位而划分规定的保护范围、建设控制地带，一方面有利于传统民居建筑本体的保护，另一方面也限制了环境保护的实施范围。要从根本上实现对传统民居建筑环境的保护必须从地理景观系统这个层次入手，应用地理和生态学理论研究传统民居建筑所在地区的自然系统和土地的自然状况，以理解和掌握传统民居建筑所在地区的自然形态和特征，把自然资源的保护、土地的利用与发展规划同传统民居建筑环境的修整相结合。对于历史城市和村镇的环境保护就更需要从这个层次宏观地、整体地实施。古代的城市、村镇都是经过周密、仔细的环境选择的，它们的存在环境大都是自然条件优越、自然资源丰富多样、适宜人类活动的区域，自然环境与城市、村镇共同生长。但是到了今天，原初的自然环境的优越品质和自然与城市、村镇历经时间生成的宜人景观普遍都衰退了、弱化了，河流改道或干涸、森林消失、植被退化，恢复这些历史城市、历史村镇原有的环境品质和景观特征才是传统民居建筑环境修整的根本目标，同时也是保护环境、保持人类生活质量的理想方法，体现的正是我们今天所强调的生态、适度与可持续发展的精神。

4. 展示

展示是说明传统民居建筑的内容、价值和文化意义的手段。展示是保护的一项基本且重要的内容，它不属于利用。

传统民居建筑必须展示出来才能够被认知、被了解、被体验、被欣赏，然后被热爱。在传统民居建筑的价值内容中，信息价值、情感与象征价值是尤其需要借助展示来表达的，在一定程度上可以说展示是说明传统民居建筑信息价值和情感与象征价值的唯一手段。如果缺少了展示这一保护内容，或者展示工作做得不充分、不到位，那么传统民居建筑的价值就很有可能只存在于文字和语言的描述中了。对于传统民居建筑意义的传达和表现也是如此。所以，展示是至关重要的。

如果传统民居建筑只是经过保护干预后以良好的状态独自存在着而不展示出来，那传统民居建筑与我们的生活又有什么关系呢？如何去实现人对传统民居建筑的理解，如何去建立人与传统民居建筑之间的关联呢？如果是这样，那保护传统民居建筑又有什么意义呢？从另一方面来说，在现代社会，认识传统民居建筑、享受由传统民居建筑带来的知识和快乐是人所拥有的一项基本权利。正如国际古迹遗址理事会为纪念《世界人权宣言》发表50周年而提出的《斯德哥尔摩宣言》中所说的，"人们有权更好地认识自己和他人的遗产"。这种权利是整个人权不可分割的组成部分。而正是传统民居建筑的展示，使人能够享有这项基本的权利。所以展示是非常重要的，它既是保护工作的内容之一，又是保护工作要达成的目标之一，那就是通过保护，通过施加程度不同的工程技术干预，使传统民居建筑本体和传统民居建筑的相关环境以尽可能安全的、健康的状态和美好的形象展示出来。不仅要展示给我们，还要尽可能长久地展示给我们的子孙后代，使它们也能够认知、了解、体验、欣赏，然后热爱这些传统民居建筑。

而且，展示不仅说明了传统民居建筑的内容、价值和文化意义，也说明了保护的观念、方法和实践的技术措施，这也是我们要留存下来，要传递给子孙后代的东西。

（1）展示的内容

传统民居建筑展示的内容包括物质的、非物质的两个层面。传统民居建筑展示不仅展示的是传统民居建筑本身，也展示了人们的使用在传统民居建筑上留下的痕迹，还有大自然留下的印记。

物质层面的展示内容是指构成传统民居建筑本体和遗产相关环境的各种物质要素。具体地说，对于传统民居建筑，物质的展示内容是组成该传统民居建筑的各种类型的建筑物和建筑物群、构筑物、道路、地形、水体、植物和附属于以上主要要素的其他相关要素；对于某个传统民居建筑，物质的展示内容是组成它的内部要素（平面布局、室内装修等）和相关联的外部环境要素（地形地势、水体、山体、植物、道路等其他要素）；对于一个侗族村落而言，展示内容是各种建筑、所包含的可移动文物和相关联的外部要素（地形地势、山体、水体、植物、道路、建筑物和建筑物群及其他要素）。

物质层面的展示内容除以上这些之外还包括文献性质的内容：一是记载该类传统民居建筑的各类史籍、志书、谱牒、碑铭、文学作品（如诗词、笔记、传记、杂文、楹联……）等文字形式的文献、档案；二是图像形式的文献、档案，如上述文字形式的文献、档案中附带的插图，绘画作品，壁画，依附于建筑物的各种图像（彩绘和雕刻图案、纹样），器物上的图像，照片、影视片等。

非物质层面的展示内容同样丰富：一是发生在传统民居建筑和传统民居建筑相关联的环境中的各种行为、活动，包括日常生活、劳动、社会交往、商业活动、休息娱乐、节庆演出、宗教仪式等；二是由构成传统民居建筑的各方面要素和发生在传统民居建筑及其相关联环境中的各种行为、活动共同形成的场所气氛和感觉、空间特质及景观。

物质层面的展示内容与非物质层面的展示内容是不可分割的、共生的、相互作用的。物质内容是非物质内容的存在基础，传统民居建筑及其相关环境是各种行为、活动发生和进行的空间，并决定着这些行为、活动的性质、进行方式、规模等。而同时这些行为、活动又影响着物质内容的存在形式及使用方式。非物质内容是物质内容的内核，对于传统村落等一些动态性质的传统民居建筑来说，如果不承载人的行为和活动，传统民居建筑及其相关环境就只是没有"灵魂"的物质外壳。

除上述内容之外还有由传统民居建筑衍生出来的展示内容，如传统民居建筑的研究成果，实施保护工程的档案、记录；还有与传统民居建筑有着某种时空关联的其他知识和信息，如与该传统民居建筑同属一种类型的其他传统民居建筑的信息，与该传统民居建筑处于同一文化地域的其他传统民居建筑，与该传统民居建筑处于同一文化地域的、并由某种原因（历史事件、历史人物等）而产生密切关联的其他传统民居建筑，等等。它们共同构成一个时间链条（同一个历史时期）上的传统民居建筑群，或一个空间链条（同一个文化地域）上的传统民居建筑群，或是一个历史链条（同一个事件、人物或现象）上的传统民居建筑群。这些对有关遗产的其他相关信息的展示不仅丰富了展示的内容，更拓展了展示内容的广度和深度，有助于形成以具体的传统民居建筑为中心的、以时空及历史关联为纽带的饱满的传统民居建筑知识与信息体系。

对于物质层面的展示内容除了需要进行工程技术干预之外，有时还需要进行内容上的取舍，因为对于物质展示内容的数量比较丰富的传统民居建筑而言，把可以展示的所有物质内容都展示出来并不一定是最合理的、效果最好的展示，要经过分析、比较，选择其中能够更为准确、清晰、直接地说明传统民居建筑的内容、价值和文化意义的展示内容。

（2）展示的条件

能够展示的传统民居建筑应该具备一些基本的条件：

一是要具有一定的信息量，这里所说的信息包括传统民居建筑自身所携带的信息和可以获得的与传统民居建筑相关的外部信息，这些信息的数量必须足以说明传统民居建筑的内容、价值和文化意义。

二是传统民居建筑的物质组成和物质结构要具有一定的完整性，如果缺失了太多的物质组成部分而且缺失的是传统民居建筑的主要部分或核心部分，那么就很难使受众获得关于传统民居建筑的基本认知和了解。信息的缺失和物质组成的缺损二者之间是有一定的关联的，物质组成的缺损肯定会造成信息的缺失，但是信息的缺失有多方面的原因，物质组成的缺损只是其中之一。而物质组成完整也并不意味着信息的充足，在实际中我们经常能够见到只保存着完好无缺的物质组成、其他什么内容都没有了的无"生命"的传统民居建筑。以上这两个条件缺少一个，就是不适合展示的，就需要通过技术的干预手段加以恢复。

三是要具备适宜的客观条件，例如水下遗址、地下遗址、规模非常庞大的地上遗址、墓葬、洞窟等这些类型的遗产，因为受限于外部特殊的环境条件或是自身的特点，展示难度是很大的，或者是无法确定展示的基本原则和具体方式，或者是原则、方式确定了但是缺乏相应的展示手段、展示技术的支持，难以落实。既要保证遗产的安全存在，又要保证受众的人身安全，保证展示的质量。遇到这种情况，即使遗产价值再高、意义再大也不要勉强地、硬性地进行展示，必须在展示观念和原则、展示手段和技术、管理条件和水平等各方面都做好充分准备后才能够实施展示。

（3）展示的基本方式

展示的基本方式是原物原址展示。要将传统民居建筑本体和传统民居建筑相关环境的物质层面和非物质层面的内容都展示出来，只有原物原址展示才能使民居以最真实、最完整、最准确的方式被认知、被理解。同时，这种展示方式也是由真实性原则决定的方式。

对于物质层面的内容，只展示传统民居建筑本体，不把与传统民居建筑相关的外部物质要素纳入展示内容是不符合真实性原则的；只展示传统民居建筑不可移动的物质内容而将传统民居建筑包含的可移动内容移至他处收藏或展示，对传统民居建筑的真实性和传统民居建筑展示的真实性都造成了损害；只注重传统民居建筑实体部分的展示，忽略传统民居建筑文献部分的展示同样会对展示的真实性造成贬损。

忽略和轻视非物质层面的展示内容是传统民居建筑展示的真实性受到破坏的重要原因之一。在历史城市、传统村落、传统民居、传统商业店铺等动态传统民居建筑的展示中这种状况尤为严重，这些动态传统民居建筑往往在经过了工程技术干预之后被抽掉了非物质层面的内容，日常的生活、劳作、社会交往、各种仪式活动都消失了，有趣味的、有吸引力的、有特色的场所和空间都不复存在了，剩下的只是物质化的展品，没有生气、没有变化、没有和人们的交流。

（4）展示的手段

展示的手段是指帮助说明传统民居建筑、提供传统民居建筑信息的具体措施和手段，主要包括有标志、说明（文字和图示）、讲解、实物模型、虚拟影像、影视片、出版物等。这些技术手段之中还包含着平面设计、绘画、雕塑、环境设计等各种艺术手段，它们的综合使用是为了传达仅仅凭借传统民居建筑本身无法或不易传达的信息，全面提供有关传统民居建筑的知识，激发受众对传统民居建筑的探索兴趣和求知欲望。

①说明和讲解

说明（包括文字和图示）和讲解可以说是最为传统的、最基本的展示手段，是主要通过文字和语言对传统民居建筑的物质展示内容和非物质展示内容进行的说明、解释，直接向受众提供传统民居建筑的各方面信息，阐释传统民居建筑的价值和文化意义。要能够科学、全面、准确地传达信息和阐释价值与意义，说明和讲解必须以传统民居建筑研究的成果和与传统民居建筑相关的社会、经济、技术、历史、文化等信息作为依据和基础，并且不能只是简单地罗列或堆加这些知识和信息，需要进行知识和信息的概括、提炼、加工，最终形成说明和讲解的文本，既要保持专业水准和科学性，又要深入浅出，能够被知识背景及教育程度不同的受众普遍接受和理解。

②出版物

包括传统的纸质出版物、电子出版物等形式。传统民居建筑研究的成果应该通过出版的方式保存、发布和传播。这些出版物同时也能够为展示服务，从展示手段这个方面来考虑，出版物应是多样的、多层次的，既有针对一般受众的、提供传统民居建筑各方面基本信息的出版物，又有满足希望获得更全面、更深入信息的受众需要的出版物，又有满足专业受众的知识需求的出版物，还应该有作为纪念和收藏之用的出版物，其具体形式有书籍、图集、画册、拓片、文献档案的影印复制品、CD、DVD、明信片、纪念册、邮票等。

③实物模型、虚拟影像

这是非常直观、形象的展示手段，适宜于传达整体的、全面的传统民居建筑信息。在展示不完整的传统民居建筑时，其优势更为显著。对于物质形式不完整的传统民居建筑，可以通过制作一定比例的实物复原、想象模型或利用计算机虚拟成像技术制作数字模型来再现、还原完整的传统民居建筑。

随着计算机技术的快速发展，虚拟成像在传统民居建筑展示方面越来越显现出无可匹敌的优势。对于本体物质组成内容缺损的传统民居建筑（如构成缺损的单体建筑物、不完整的建筑群组）、失去了相关联的环境的传统民居建筑，和规模巨大的、超出受众个体的感知范围的传统民居建筑，都可以利用虚拟成像技术为受众展示出完整的、宏观的传统民居建筑全景。同时，对于一般的展示方式难以精确地传达、体现的，以及在常规的状态下不会被看到、注意到的传统民居建筑的细节性内容，虚拟成像技术可以提供局部的、微观的、截取精华式的展示。虚拟成像技术还可以解决其他的展示难题，例如对于一些展示难度大或者不具备展示条件的遗产，如地下遗址、水下遗址、墓葬、石窟等，可以使用虚拟成像技术将遗产"展示"给受众，使之能够亲临其境般地认识遗产、了解遗产。

虚拟成像技术这种展示手段不仅是直观的、形象的，而且是生动的、可体验的，因而是富有吸引力的。利用计算机技术还可以增加与受众互动的、受众参与的方式，并更新传统的说明和讲解手段，使传达传统民居建筑知识和信息的手段更为丰富、更为生动。

（5）展示的类型

展示根据受众的不同分为两个基本的类型，一是专业性的展示，一是一般性的展示。专业性展示是面向专业研究者的展示，他们因各自不同领域的研究工作需要获得关于传统民居建筑的更深入、更全面、更广泛的知识和信息。同时，他们的研究工作又会进一步地发现和揭示传统民居建筑的内涵、价值和意义。一般性展示是面向普通公众的展示，其目的在于尽可能广泛地让公众了解并理解传统民居建筑的基本信息。

展示类型的区分要落实到具体的管理措施上，通过展示内容与手段的组织和规划设计体现出来，比如允许有专业研究需求的受众参观、接近不向普通受众展示的部分，允许使用测绘、摄影（像）等获取信息的专业手段，向研究性受众提供专业的展示服务和展示设施。

5. 其他方法

其他保护方法还包括利用、改善和发展传统民居建筑，加强普及教育等。

（1）利用

利用也是帮助大家了解传统民居建筑的文化价值和意义的方法。除了专供科学研究和有特殊保护要求的传统民居建筑外，其他的都可以被利用。对传统民居建筑的利用是为了使它们发挥现实价值，赋予新的功能，为大家服务。它一方面是对传统民居建筑本身所具有的使用功能的恢复、延续和发挥，另一方面是赋予它新的使用功能。具体来说，对已经失去原有使用功能的传统民居建筑，利用就是对其功能的恢复；对于仍然具备原有使用功能的，利用就是延续其功能并使之更好地发展；对于已经失去原有使用功能且无法恢复的，利用就是赋予其新功能，另外对于延续着原有功能的传统民居建筑也可以使之承担新的功能。

在利用传统民居建筑时，要注意到它的利用是以保护和可持续发展为前提的，尤其是传统民居建筑这种类型的资源已经越来越稀缺，它们具有不可更新性、不可再生性、不可替代性等特性，因此对它们的利用必须遵循可持续发展原则，将对它们的消耗控制到最小，使它们尽可能长久、良好地保存下去，能够被将来的人们享用。

目前在广西三江侗族聚落利用的主要方式主要为旅游，给游客提供观赏性和体验性的活动，除此以外，比较常见的利用方式还有博物馆空间展示。对于提高广西三江侗族聚居区的经济水平以及推动社会发展，旅游这种方法是非常有效的推动力，但我们在考虑各种利用的方法时，也必须要考虑到对将来是否有积极的影响。比如旅游这种方式不仅仅影响到传统民居建筑本体及其环境，对于居民的生活也是有巨大影响的，应该根据地方资源特点，制定以保护和发展传统民居建筑及保护居民日常生活为基本点的旅游政策、经济政策等，在各级部门的有效控制和管理下，使广西三江侗族聚居区得到良性的可持续化的发展。

（2）改善与发展

对于广西三江程阳八寨的侗族聚居区，前几年采用的正是改善的保护方法，具体内容包括工程技术手段的干预和规划控制方法。其中具体的工程技术干预手段主要包括基础设施的建设、完善和建筑物的改造整理。规划控制手段主要包括控制程阳八寨的人口规模、控制道路交通的规模与模式，景区内以步行为主；保持侗族民居与村落传统功能的同时，适当发展新功能；控制新建筑的数量，建立与原有空间协调的空间环境等。这些做法在全国范围内比较统一，广西三江程阳八寨的做法，也是参照了这种统一模式的做法。

（3）加强教育

加强教育是一项非常重要的保护方法，它应该是面向社会、面向大众的。长期以来对于传统民居建筑的保护仅仅只是用简单的宣传教育等方式是不行的，在教育中应当建立长期的、固定的、系统的方法才能达到有效的目的。目前，对于这方面的教育已纳入到学校的教育中，比如现在的初高中教育已经包含了文化遗产方面的内容，但是从深入程度来说仍然非常不够，因此怎么加强和开展传统民居建筑保护教育也是一个非常重要、迫切需要解决的课题。

二、康泽恩相关理论

国际上对遗产保护的认识相对较早，尤其是 20 世纪中期以后，世界范围内对"地域特征"的保护工作越来越重视。只是地域特征的保护，一开始是对城市地区较为重视，比较明显的是对区域、地点和标志性历史建筑物的保护上。在英国，划定城市特征区域已经成为城市保护规划的一部分。这些工作以及相关联的研究已经得到联合国教科文组织（UNESCO）的鼓励和支持，其中最有影响力的就是世界遗产地点的收录工作。文化遗产的保护已由城市扩大到乡村，地域特征则更加凸显，更具保护价值。广西三江侗族自治县目前也在为申报世界文化遗产努力，无论是否申报成功，侗族民居及村落的保护都需要科学的可持续发展观，这就需要寻找到适合自己的保护理论作为发展指导思想。

从国际上以往的经验来看，城市管理部门在选择和划定城市保护区的问题上投入了大量的精力，但是，仍有很多决定和工作的实施远没有想象中的容易。比较重要的原因就是城市规划相关部门很少进行城市特征区域的分析研究工作，无法正确地认识城镇景观形态，理论基础的缺失是文化遗产保护的一个重大问题。

过去 30 年中国快速的城市发展导致用地范围不断扩张、城市空间不断膨胀，这种城市形态的急速变化也深深影响着乡村的发展。面对城市快速发展的压力，很多乡村区域也在拆—建—扩的过程中造成了不可估量的文化损失。除了管理部门的执行难以外，更重要的是从上到下都缺乏保护和发展的长远认知和明确的理论基础和指导方法。

1. 城市形态学与文化遗产保护之间的联系

城市形态学（Urban Morphology），从字面意义理解是对"城市形态的学术研究"（the Study of Urban Form）。城市形态学是对城市物质空间的形成规律的研究，是一门以地理学和建筑学为主要理论基础的跨专业学科。该学科主要研究城市不断变化的演替过程，辨识并细致剖析城市的各组成要素。在国外城市形态研究中占据重要地位的是地理学家和建筑师，最重要的三个学派为以地理学家为代表的英国康泽恩学派（Conzenian School），以建筑师为代表的意大利学派（Italian School）和法国凡尔赛学派（Versailles School）。

不论是在地理学研究领域，还是在建筑学领域研究，形态（Form）、分辨率（Resolution）以及时间（Time）都是城市形态研究最重要的三个组成部分。城市形态是城市中可见物质要素的综合，包括建筑以及相关的开敞空间、地块和街道系统。一宗地块以及地块中的建筑和开敞空间是城市形态研究的最基本单元。城市形态是四维的，在空间三维度上叠加时间维度，研究注重对于过程的分析，分析不同时期社会经济作用力对于城市建成环境的影响。

城市形态可以从四个分辨率进行认知：

（1）区域（Region）；

（2）城市（City）；

（3）街道和街区（Street/Block）；

（4）建筑和地块（Plot）。

从这四个分辨率来分析城市建成环境并不是简单的空间"缩小""放大"关系，应从系统论的角度进行理解，它们是不同层级的组成要素。从一个层级上升到更高的层级，并不是该层级各种要素的简单叠加，不同层级的要素遵从不同的空间秩序和组织逻辑。

有关于"城市形态学"的概念根植于西方古典哲学的研究框架与方法思维和由其衍生出的经验主义哲学。城市形态学中包含着两个重要的思路，即从局部到整体的分析过程和强调客观事物的演变过程。这个重要思路，对于分析广西三江侗族自治县的民居保护有重要的指导作用。

起源于地理学研究的西方城市形态学，特别是英国康泽恩学派城市形态理论，在相当长的一段时期内，主要针对的是欧洲古市镇的城市形态研究和分析，研究成果是描述性的客观形态和演变过程。近年来，西方城市形态学正在加强与城市规划和城市管理之间的联系。其中的"城市形态区域化理论"已经被应用到城市分区和管理规划中，例如法国的土地使用规划、西班牙的专项规划、英国的设计区域的划定。

城市保护规划是城市形态区域化理论最关心的城市规划问题。但现实情况是，政府组织指定的城市保护规划和城市遗产管理工作中，划定区域仍然缺少城市形态方面的研究，并且对需要保留和保护的研究区域缺少系统的理论研究，导致不能对该地区进行正确的定性和定界。

也由此可见，城市形态学理论研究也是从"面"（区域）到"点"（建筑和地块）进行的，和我国的文化遗产保护从"小"（文物）到"大"（历史文化名城）的方法是一致的，都有共性的方面。城市形态学理论更侧重于点的变化或者面的变化，都会给相应的面或者点带来一定的影响和变化，这一点在我国的文化遗产保护理论中较为缺少，即缺少相互之间的一种动态的影响关系，因此，城市形态学理论的这个方面是值得我们借鉴的。

2. 康泽恩学派城市形态学理论

英国康泽恩学派学术传统源于德国地理学的"景观"研究，创立者为康泽恩(M. R. G. Conzen)。他在对英国传统历史城镇安尼克（Alnwick）的研究中将形态发生学（Morphogenesis）的方法应用到城镇景观研究中来。康泽恩学派研究方法是基于历史地理学的视角和演化的视角，以地块作为基本的研究单元，分析社会经济等历史材料，研究城镇景观形成过程中出现的现象和普适性规律。这种以地块和建筑为最高分辨率的地理学研究方法比较适合本研究的案例对象和研究视角。

康泽恩在安尼克案例研究中提出"城镇景观"的概念，并将城镇景观分为平面格局（Town Plan）、建筑肌理（Building Fabric）和土地利用（Land Utilization）三个相互联系的部分。三个部分并不是对于城镇景观进行一个非常明确的划分，这三者之间有一定的联系和重叠部分。在三个部分中，平面格局具有最重要的地位，它限定了各种人工地物的格局，是建筑肌理和土地利用的载体。建筑肌理一定程度上也反映了土地利用的性质。

城镇景观演化的作用力主要分为内部作用力和外部作用力。内部作用力是城镇景观内部的演化动力，包括社会、经济、文化等多个层面的内容。外部作用力所研究的是城镇景观外部环境对城镇发展产生影响的作用力，包括自然基底、外部环境以及经济区位等要素。作用力会随着时间发生变化，进而对城镇景观演化造成不同的影响。

3. 康泽恩的历史城镇景观思想

（1）历史城镇景观的意义

历史城镇景观并不是一个静态的景观；它应该被理解为在广泛的社会和地域背景中，在一定的时间发展过程中，反映在城镇空间上的动态变化。从城市形态学角度来看，"历史城镇景观"的说法是最佳的理解。

城镇形态变化并不是随机发生的，而是根据不同社会、经济和文化的发展时期特征而来的；这也形成了不同时期的城市形态特征，分别表现出不同的形态样式。在西方城市中，从整体历史过程来看，旧的形态或者说过时的形态集中在某个时期完全被一种新的形式替代的现象是很罕见的。虽然许多经济繁荣的时代以及伴随的建设建筑的高潮会带来大量的建筑重建和替换，但总体来看，不同历史时期留存下来的城市形态主要表现为建筑的造型和大部分的城镇平面，并共同形成城镇景观的历史形态分层。早期城镇平面留存下来的轮廓线是随后城市发展主要的形态框架，它具有一定的约束力。

这种历史过程中形成的形态框架结构可以抵抗社会变动带来的形态分化现象，消减现代功能需求和留存下来的城镇景观形态之间不和谐的矛盾。城市形态框架为了克服这种矛盾问题，必须引导城市进行新一轮的形态发展演变，城市形态学者称之为历史城市形态在新时期的适应和转型过程，而不是让新建筑简单地取代旧建筑。

（2）城镇平面分析

康泽恩学派思想的理论基础来源于对城镇景观和社会之间联系的思考。康泽恩认为城镇景观是当地社会连续发展过程中"城市精神的客观体现"。而城市形态区域，就像城镇景观本身，是城市历史记录的累积。而"城市平面分析"是划定城市形态区域的方法。

实际上，形态区域化研究的第一步是分析城镇景观的历史地理结构。理解城镇景观，最重要的是识别"城镇景观单元"。这些单元构建出一个形态结构，从历史表述的角度表现一个城市区域不同部分的自然和人工作用强度特征。另外，它们还可以为制定城市保护优先性政策提供分析基础。

在康泽恩的英国市场城镇安尼克的案例研究中，他展示了如何运用大量细节化的图形标识来表示城市形态主要要素的历史发展过程。为了认识上述的过程，有必要理解城镇景观各组成部分（康泽恩定义为"形态要素"）之间的相互关系。

城镇景观由三部分组成：平面单元、建筑类型模式、土地和建筑利用模式。所有的这些形态要素都是地理调研中的对象。在特定的区域，这三种形式综合体一起构成有别于周围环境的"形态同构复合体"，即"城镇景观单元"，形成的区域范围就是"城市形态区域"。

平面单元可以被定义为城市建成区的所有人工地物的空间分布。它包含三种明确的平面格局要素：

①街道及其在街道系统中的布局；

②地块及其在街道轮廓中的聚集状况；

③建筑物，或者更精确的说法，建筑物的基底平面。

平面单元为建筑类型和土地利用模式提供了框架结构，而建筑物显示的是土地利用中被覆盖的部分。所有组成要素的特征都反映了形态建设初期以及适应期后的历史和文化发展结果。

平面单元是三个城市形态要素中最稳定的，反映了最主要的城市资本建设意图，特别是对街道平面的规划。建筑类型也能在一段较长的时间跨度内保持稳定但是相比较街道平面更易受火灾和战争破坏的影响而发生变动，而且会因为产权或功能的变化而调整或更替。土地和建筑利用模式是最易变化的要素，尤其是在城市核心区及其周边的区域——新功能的出现、时尚风格的变换和户主居住时间的相对短暂使得土地和建筑利用模式经常发生变化。

在城市形态发展变化过程中，这三个要素体现出的不同作用正好说明了城镇景观是如何形成历史分层的。平面单元决定了最主要的层次单元划分。而最小的景观单元，或者称为"形态顶端"，通常是由建筑类型决定的。由于基本上顺应于城市水平面格局的变化，土地和建筑利用在界定传统城镇地区内不同等级区域的界线方面作用非常小。

4. 康泽恩理论的应用实践

（1）康泽恩理论在西方遗产保护规划中的初步应用

历史保护的理念最早源于西方国家，保护的提出是为了解决建成环境老化的问题，也是对现代建筑的地方化风格以及二战之后大规模城市更新的反弹。在全球化的影响下，城镇风貌趋同的现象越发突出，历史景观价值也更凸显。一方面，全球化竞争背景下的城市营销压力让地方政府意识到城市历史遗产的重要性，特色历史景观可以作为一种资源，吸引投资、人才、消费；另一方面，建设方式的改变与消费主义的侵袭，让人们感觉到传统街区形态的可贵。西方国家中，英国早在 19 世纪就有了文物保护法规，并且保护理念并不限于静态保护，而是包含了继承与再发展。基于这一理念，遗产保护与城市更新、经济发展并不完全矛盾。英国自 20 世纪八九十年代开始，历史保护的经济价值受到重视，历史环境成为更新过程中的关键资源。这一时期基于保护的更新活动提倡在保护历史景观特征的前提下促使历史街区健康发展。我国民居正面临保护与更新双重需求，因此英国历史保护管理方法与基础性的理论研究值得借鉴。

康泽恩理论的有关于城市形态区域化的理论之前并未受到足够的关注，但是近些年来西方的城市规划部门已经开始认识到"保护区域"和"遗产保护区"的界定工作需要建立在形态研究基础上。准确划定保护区域的界线是保护规划中最重要的部分，之后的开发者都需要协调并尊重已经被保留或保护区域内的形态特征，在充分理解整体环境的基础上继续开发其他区域。

合理划定城市保护区域和遗产区域的界线需要更多的城市形态研究工作，以应对实际开发过程中区域内部及其周边持续增长的不协调的、对整体城市形态产生破坏作用的开发建设行为。"英格兰遗产"主要负责英格兰境内遗产区域的保护工作，长期从事对于"特征区域"的调研工作，已经开始关注城市形态学及其城市区域化理论。同样，国际性的城市保护组织也对相关理论研究开始了关注，联合国教科文组织的世界遗产中心曾经长期只关注纪念性场所和公共建筑遗址的保护问题，现在也开始越来越多地讨论城市整体形态和历史景观的保护问题。

由于规划部门的忽视，只有在少数情况下，城市形态区域化研究方法被应用到保护区域和遗产区域规划中，分析并划定特征区域的界线，随后与地方规划部门划定的界线进行比较参考。2007年，比恩斯曼的荷兰阿尔克马尔中心区案例研究就是其中一个。市议会为了制定老城区的"空间质量"规划，希望通过研究"特征区域"界线和区域形态理论研究下得出的"城镇景观单元"的界线，然而这两种方法分析出的界线存在较大的差别。

在绝大多数城市规划案例中，城市规划部门关注的是城镇景观最突出的地域特征形象，例如标志性建筑物、开放广场、纪念性公共建筑等，对包含居住区在内的城市整体形态特征研究不够；问题尤其严重的是，在许多情况下，规划部门的城市保护工作缺乏形态研究基础，造成传统地区的整体城市形态和建筑风格逐渐呈现单一国际化的趋势，在划定世界遗产区域界线的时候就经常出现这样的问题。

俄罗斯圣彼得堡自从1990年申报世界遗产成功以来，遗产保护区域的界线就不断在修改变动，比如红线是2005年确定的界线，绿线是城市形态分析后得出的"中等级城市边缘带"的内界线，实际上遵循的是第一次世界大战结束时的城市建成区域的界线，直到现在仍然是区分18、19世纪城市形态区域的有力标识线。而这条城市边缘带在城市形态上形成了一条明显的分隔带，反映的是当时那段城市发展停滞的时期。

这样的标识线值得被用作保护区域的界线，而官方最终划定的世界遗产保护区域的界线与前者的差别较大，使得未被划入区域内的传统地块遭到兼并，形成大地块后建设的大尺度建筑项目又直接威胁到毗邻保护区域的整体形态特征。

圣彼得堡在历史发展过程中，形成了一个内部是集聚的建成区域，外围是扩散的城市边缘带的城市形态结构，这也是圣彼得堡重要的城市形态结构。保护规划需要通过研究这个结构和形态特征，然后确定哪些区域应该划入世界遗产的范围，而城市形态区域理论则提供了理论基础。

（2）康泽恩的微观形态学在历史景观保护中的应用

由于历史地区的敏感性，即使是很小的改变也会对历史风貌造成相当大的影响。历史景观的形态特征是什么、如何变化、受到哪些因素影响，是城市历史遗产保护需要解决的核心问题，而这些问题的解答需要结合图纸与各种文献档案资料，进行微观尺度的研究。康泽恩城市形态学派学者对历史街区进行的微观尺度的实证研究，在研究方法上突破了以往仅限于读图、实地考察、历史文献收集的方法，大量利用规划管理文档进行数据分析；在研究视角方面也从物质对象扩展到人为因素，特别重视与规划管理实践的结合，其研究方法与研究视角在历史保护领域中具有广泛的利用价值与潜力。

① 划分特征区域

康泽恩认为城镇景观是历史各文化时期物质遗存的积累结果，"城镇景观单元"是这种积累的体现。杰米·怀特汉德教授与伯明翰大学城市形态研究组继承并发展了城镇景观单元理论，进行了城市形态学的跨文化研究，将该理论应用于分析比较不同国家文化背景下的历史地区形态特征，并将其运用于城市历史遗产保护。城镇景观单元理论可以作为基础方法，指导历史保护区划分的定性与定界，继而应用于城市分区和管理规划中，为历史文化资源集中的"敏感"地区作出建设指引。"城镇景观单元"理论已经在欧洲历史城镇以及中国进行了划分特征区域的"实验"，基于该理论得出的景观特征区域相较于缺乏基础研究的地方行政部门划界，存在较大差异。基于"城镇景观单元"的特征区域划分层次更多、更为精确。这种现象一方面体现出该理论在不同文化背景、不同空间尺度的应用潜力，另一方面也反映了出于管理需要的历史文化保护实践与基于历史发展与现实状况的理论研究仍然存在"鸿沟"。

② 形态变化要素提取

A. 产权地块

在英国的历史保护理论与实践中较为重视产权地块，他们认为正是产权地块的密度与尺度形成了城镇的平面肌理。作为平面分析要素之一，与用地功能相比，地块对形态变化具有更强的限制作用，因此在历史景观保护中应予以重视。康泽恩认为基于产权地块是否变化，可将城镇中心形态变化过程分为两种，一种是建筑填充，一种是旧的形式代替新的形式。

建筑填充是指基于产权地块的变化。康泽恩的研究指出，地块建设有着开始建设、逐步填充、发展到顶峰继而被清除而重新建设的周期性规律（图14）。在这个发展过程中，地块会变形、合并、细分。建筑填充式变化反映了产权与地块框架的有机建设活动能够避免历史景观的剧烈变化，是值得提倡的。

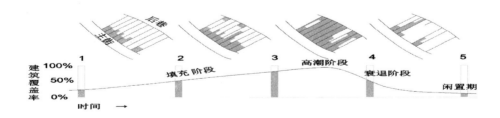

图14 产权地块的生命周期变化图

B. 道路系统

已有形态被新形式取代是一种产权地块的变化，反映了对新的交通方式、新的商务活动的形态适应，根据程度的不同可分为两类。一种是逐个的小规模的替代，例如临街面建筑的更新，通常伴随着临近地块合并，造成地块模式的变形。城市中心的另一类重要变化则是大型商业性重建项目，根据是在原有道路框架内进行还是有新的道路建设，这种变化可分为"适应式"与"增置式"两种。重建项目会对这一地区的形态、功能、社会产生重大影响。已有形态被新形式取代的变化体现出道路建设对形态变化的巨大影响，无论是在原有基础上的道路拓宽还是加入新的道路，都会引起地块变形与建筑变化，而新道路的引入无疑会导致最剧烈的变化。

C. 形态要素的分级控制

康泽恩基于其研究以及对形态变化的理解，认为形态要素变化对于整体历史景观的影响程度有强弱排序，道路变化的影响最大，其次是地块，地块内的建设与单个建筑的改变影响较弱。因此在历史景观保护实践中，道路系统与地块的保护等级最高，需要首要控制。

三、活态遗产保护理论

文化遗产是"从前辈那里继承过来的、现存的并将传至后辈的物质遗物或无形的特征"，这些物质遗物或无形特征之所以被称为"文化遗产"，正是我们发现、珍视并希望保护它们所具有、所携带与所表达的价值，使我们与我们的后代能够享用遗产的价值。遗产价值是我们保护遗产的原因，也决定了我们对遗产采取的措施，直接影响保护决策。在文化遗产保护发展历程之中，我们对遗产价值的认识在不同社会时期中不断变迁，因此文化遗产保护理论与实践具有鲜明的时代特征。

根据目前遗产保护学界对文化遗产价值的探讨，可以将遗产价值分为两种不同的类型，其一是遗产本身所固有的价值，即一种客观存在；另一种则为人们赋予遗产的价值，不同时代、不同群体能够感知、理解的遗产价值差异颇大，具有很强的主观性。其实，在我们将某一物质或无形要素定义为文化遗产的时候，我们即将我们的主观判断"强加"给了它们，即使是遗产固有的客观价值也必须通过人们的主观认识才能够得以发现并加以阐释，因此可以说很难做到对遗产价值完全客观地评判，其中必然带有价值评判者的主观意图。价值评判也取决于评判者所具有的知识结构与个人经历，正如梅森（Randall Mason）所说，只有通过对遗产的社会、历史甚至空间背景的理解才能真正理解并定义遗产的价值，价值产生于思想与物质的连接关系中。对遗产价值的认识受到社会背景、学科发展、哲学思潮以及地域传统等因素的影响，因此在不同时代、不同地区，人们对于遗产及其价值的理解呈现多元的状态。

对遗产价值认识的发展促进了我们对于文化遗产概念与范畴的扩展，从原先的"纪念物、建筑群与遗址"扩大为"文化过程"，即"纪念与创造记忆的过程"，体现了有形遗产与无形文化的交互作用，强调文化的延续过程。从对遗产价值的研究来说，不同时代的学者为遗产价值建构了不同的类型框架。总体来说，研究者对遗产价值的认识从固有的客观价值慢慢扩展为主观价值与客观价值并重，并将不同群体对遗产的不同认知与利用纳入评估体系，突出遗产的社会与文化意义。同时相对于此前单纯的价值保护，目前更加关注对于遗产价值的阐释，因而在价值展示中不仅仅展示有形的遗产实体，更加强了对遗产蕴含的无形文化的呈现。

在遗产保护理论的发展中，对于遗产价值的关注从使用价值、艺术价值与历史价值保护慢慢转向对于文化价值的阐释上，突出文化多样性在遗产理解与认识中的重要作用。在方法论方面，转变了"基于物质的保护方法"，形成"基于价值的保护方法"，这也是我国目前文化遗产保护策略的制定准则。然而，由于"保护专家"在价值评估中仍占有"强"话语权，未能体现遗产不同利益相关者对于价值认识的多元性，也未能对不同的价值认识加以权衡，因而被诟病。

活态遗产的概念是受文化人类学"活历史"的启发，"活历史"是指"今日还发生着功能的传统"，这有别于前人创造而现在已经失去功能的"遗俗"。雅布尔阐释了建筑历史学与人类学对于文化及遗产保护的不同理解：建筑历史学倾向于用一系列术语来描述建筑连续的时代风格；民俗学者与文化人类学者的研究工作起始于通过描述"活态文化模式"的概念来描述文化，倾向于平衡历史与今天的观点，坚持关注"活态文化"，处于当下的人是研究的焦点，过去式现在的背景，文化是活态的、有机的现象，历史是理解现在的重要途径，或者通过现在来对过去进行阐释。人类学的研究视角突出遗产的延续性与文化意义以及遗产对特定人群所发挥的文化认同作用，遗产可作为对文化多样性的表达，在不同文化传统中对遗产文化意义有着不同的解读方式。

在2009年版《活态遗产保护方法手册》中，"活态遗产"被定义为"由历史上不同的作者创造并仍在使用的遗址、传统以及实践，或者有核心社区居住在其中或附近的遗产地"，它是"在特定的空间与时间中，对精神与物质需要的表现，这种表现持续影响着社区居民的生活"。活态遗产即仍在使用之中的文化遗产，它的使用功能必须得到延续，它的保护策略侧重保持遗产的延续性。

活态遗产所强调的使用价值和14世纪之前人们所关注的使用价值是不一样的。14世纪之前所说的使用价值是建筑遗产作为一种独特功能的物理空间的存在；活态遗产的保护对象是囊括有形空间与无形传统的文化整体，强调核心社区与遗产之间的联系，核心社区拥有遗产的使用权和管理权，社区对物质遗产的使用是对地方传统的阐释，通过对空间功能的延续而延续遗产所蕴含的文化意义。活态遗产保护方法实则是将遗产视为文化过程，社区与空间的互动过程构成了遗产本身，也达成了对文化价值的阐释。

活态遗产保护方法是一个基于遗产社区的、自下而上的遗产管理途径，其首要目标是保持核心社区与遗产联系的延续性。遗产社区即与文化遗产具有直接或间接联系的人群，根据遗产社区与遗产联系的紧密程度可分为核心社区、外围社区与保护专家三类（图15）。核心社区是生活在遗产空间中的文化群体，这一人群与遗产存在着直接的、持续的联系，遗产对他们具有特殊的意义，他们是遗产不可分割的组成部分，在遗产的文化阐释中扮演着重要的角色。LHA（活态遗产保护路径）试图通过确保核心社区参与遗产保护与管理来延续他们与遗产的联系，并在保护策略制定中赋予核心社区决定权。遗产的延续性既包括功能与空间的延续，也包括了传统关怀与社区参与的延续，它们共同确保了遗产文化价值的延续。

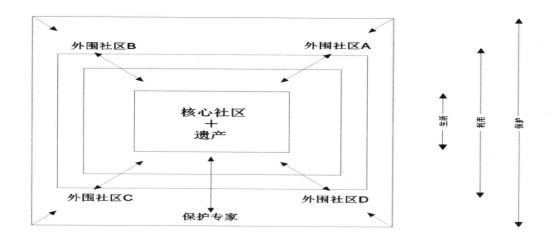

图 15　LHA 遗产社区分级示意图

相对而言，活态遗产的外围社区在遗产决策中的权重较低，他们是指核心社区与保护专家之外的其他利益相关者，他们与遗产的联系是间接的、非持续的，可能需要通过核心社区与遗产发生联系。遗产保护与管理中应当考虑他们的权益，鼓励他们与遗产建立并维持联系；但在冲突时，他们的利益可能要让位于核心社区。保护专家与遗产的联系也是间接的，他们需要借助核心社区对遗产进行保护。保护专家在活态遗产保护中的作用更多是协调性的与促进性的，他们全面考虑不同社区与遗产的联系，尊重核心社区的文化选择，维护核心社区的利益。

LHA 的首要目标是保持遗产的活态性，因此保护不是停止变化，而是对变化进行管理，因为变化是延续过程中必须接受的问题，正是这种变化表达着随着历史而不断发展的文化意义。与基于物质以及基于价值的保护方法相比，LHA 强调遗产的延续性，这种延续性更多表现在无形的文化意义与社区的认同之中，而不是物质实体之上。LHA 突出核心社区在遗产保护中的能动作用，以核心社区的利益为遗产决策的根本，保护专家仅是提供必要的技术支持。LHA 将有形与无形的遗产要素通过核心社区的文化阐释统一起来，物质形态的变化往往被忽视。

近年来我国的非物质文化遗产代表性项目名录的建立，通过中国非物质文化遗产网及中国非物质文化遗产数字网公布，对于保护对象予以确认，以便集中有限资源，对体现中华民族优秀传统文化，具有历史、文学、艺术、科学价值的非物质文化遗产项目进行重点保护，是非物质文化遗产保护的重要体现之一。

国务院先后于 2006 年、2008 年、2011 年、2014 年和 2021 年公布了五批国家级项目名录（前三批名录称为"国家级非物质文化遗产名录"，《中华人民共和国非物质文化遗产法》实施后，第四批名录名称改为"国家级非物质文化遗产代表性名录"），共计 1557 个国家级非物质文化遗产代表性项目（以下简称"国家级项目"），按照申报地区或单位进行逐一统计，共计 3610 个子项。为了对传承于不同区域或不同社区、群体的同一项非物质文化遗产项目进行确认和保护，从第二批国家级项目名录开始，设立了扩展项目名录。扩展项目与此前已列入国家级项目名录的同名项目共用一个项目编号，但项目特征、传承状况存在差异，保护单位也不同。

国家级项目名录将非物质文化遗产分为十大门类，分别为：民间文学，传统音乐，传统舞蹈，传统戏剧，曲艺，传统体育、游艺与杂技，传统美术，传统技艺，传统医药，民俗。

名录的建立为活态遗产保护理论提供了原始资料来源，为它们的动态保护提供了参考依据。

四、本章小结

本章主要介绍和梳理了国内外有关遗产保护的理论涉及民居建筑保护的部分，其中主要介绍了我国的文化遗产保护理论、康泽恩理论以及活态遗产保护理论。这三大理论在国内外的保护实践中对建筑遗产或民居建筑的保护起到了积极的作用。看似毫不相关的三大理论，实际上却有着密切的关联。广西侗族传统民居建筑保护，应当结合以上理论进行保护实践。

（一）民居建筑作为文化遗产的保护理论

广西侗族传统民居建筑是具有鲜明的民族特色的，其作为保护对象，保护它的什么、为什么保护等这些问题的研究和讨论总归是不完全的。但是，有关于是不是要保护的问题，答案似乎是很明确的。因此，在借鉴我国文化遗产保护理论时，将各种保护方法及技术措施施加于传统民居建筑的物质实体上，针对不同的传统民居建筑的物质实体的不同现状使用的诸如保存、维护、加固、修复等措施都是为了延续、维持它们的存在，使它们尽可能长久地保存下去。

（二）从形态学角度进行保护的康泽恩相关理论

康泽恩理论虽然是英国的城市保护理论，但是仍然有适用于广西侗族传统民居建筑保护的部分。比如康泽恩理论从历史动态发展的保护角度出发，是适用于广西侗族传统民居建筑保护的，广西侗族传统民居建筑从开始形成，发展至今，是一个不断生长、不断叠加、不断扩大的过程，是一种由内而外、从散点到聚集点的生长方式，这种生长方式在国内外都是具有普遍规律的，康泽恩理论正好对这样的生长规律进行了总结，也为广西侗族传统民居建筑的保护提供了参考依据。再如康泽恩理论中的生长周期理论，说明建筑也是有生命的，从它的出生直到死亡，经历了和生命一样的过程。从生长周期理论我们也可以看到，想要避免某个单体建筑的死亡，是不可能的，我们只能是在其生长周期中做好保养，尽量让其长寿，在它的生命过程中，尽可能地在当下体现出其最适龄的状态。除此之外，康泽恩理论中的边缘带理论等，都是值得借鉴的保护理论。

（三）从活态遗产的角度出发的保护理论

广西侗族传统民居建筑的保护，不能只从物质保护的角度出发，因为没有人参与其中，保护只能是保护一个空壳。从近年来较多的遗产保护实践来看，保护效果较好的案例，无不体现了整体保护以及活态保护的思想，即除了物质实体的保护，我们更应该联合保护与物质实体有关的所有的部分，比如非物质部分的生活方式、传统习俗等，这样的保护才能够将躯壳与精神合为一体，成为真正的侗族传统民居建筑。

第三章 广西侗族传统民居保护现状

一、广西侗族传统民居的形成

（一）民族成因

中国古代南方人的总称为百越。在中国历史上，整个江南之地广大无垠，即有"交趾至会稽七八千里"的典故，在秦汉以前都是百越族的居住地。秦汉时期，中国南方的民族已经在有关的古籍中被称为"越族"。汉朝初期，百越族已经逐渐形成几个较强盛而明显的部分，即东瓯、闽越、南越、西瓯以及骆越。现居住在中国南方属于壮侗语系和苗瑶语系的各个少数民族，不论是在语言上，或者是在文化习俗上，都与古代的百越族有一定程度的渊源关系。

历史学家普遍认为，侗族主要源于秦、汉时期在今广东、广西一带聚居，统称"骆越"的部族。魏晋以后，这些部族又被泛称为"僚"。现在侗族的分布和属于"百越"系统的壮、水、毛南等民族的住地相邻，语言同属壮侗语系，风俗习惯也有很多相似之处。

侗族擅长建筑。结构精巧、形式多样的侗寨鼓楼、风雨桥等建筑艺术具有代表性。在贵州、广西的侗乡，有许多鼓楼和风雨桥，桥上建有廊和亭，既可行人，又可避风雨。这些兴建于汉末至唐代的古建筑，结构严谨，造型独特，极富民族气质。整座建筑不用一钉一铆和其他铁件，皆以质地坚韧的杉木凿榫衔接，石墩上各筑有宝塔形和宫殿形的桥亭，气势雄浑。

（二）侗族民居的形成

侗族主要居住在边远山区，其传统民居建筑多数为木结构或砖木结构，屋面为瓦屋顶，民居建筑形式主要为"干栏"。"干栏"一词最早见于魏晋时代的汉文古籍，如《北史·蛮獠传》中"依树积木，以居其上，名曰干阑。干阑大小，随其家口之数"，以及《新唐书·南蛮传》中"人楼居梯而上，名为干栏"等的记载。

干栏民居建筑产生因素很多，但又相互关联。最重要的前提即是大部分的侗族居民生活于山区，这里有着丰富的林木。除此以外，抵御沿江河流的洪水泛滥，防御虫蛇、猛兽；应对炎热多雨的天气，抵抗湿气；适应山区地形的起伏变化等，都是干栏民居建筑产生的原因。而侗族居住区与以上原因恰好吻合，其传统民居建筑体现了干栏民居建筑特有的特点。

刘敦桢先生的《中国古代建筑史》中的描述是："居住于广西、贵州、云南、海南岛、台湾岛等处亚热带地区的少数兄弟民族，因气候炎热，而且潮湿、多雨，为了通风、采光和防盗、防兽，使用下部架空的干阑式构造的住宅。"从以上这些文字的表述中我们不难清楚地认识到，干栏建筑是人们主动创造和选择的，是良好适应环境的居住建筑类型。

王振复先生将中国原始巢居建筑的进化过程分为四个发展阶段，即单株树巢、多株树巢、干阑式巢居和穿斗式结构地面建筑的最终结构形式。

《贵州通志·土民志》谓花苗"架木如鸟巢寝处"，大概是原始人类最早的居住形式；当有限的客观条件已经不能满足人们的需要时，如缺少理想的天然树木的基础，人们便采用在地上埋设木桩的方法来代替天然树木支撑巢居的底座，这时的巢居就发生了性质上的变化，成为"栅居"；到青铜时代，由于金属工具的使用，木构技术长足进步，干栏形制发展已基本成熟。

发展成熟的干栏民居在结构上是以贯通上下的长柱取代栅居的下层短柱，使房屋上下成一整体框架。由于在水平方向上都有穿枋互相联系，具有很好的整体性，抗震效果好，加之对多种地形条件都能适应，可以大大减少工程土方量，节约人力财力，施工进度自然也随之加快，是一种十分经济实用的建筑方式。

侗族干栏民居分为高脚楼、吊脚楼、矮脚楼和平地楼几种形式。高脚楼即是全干栏形式，有二至四层楼不等，楼高三至四丈。第一层较为潮湿，是堆放农具、柴火，关养家畜、家禽的场所。第二层以上颇干爽，是住人的楼层，第二层设有火塘，是待客和全家人活动的中心，房屋多为三开间，两边搭有偏厦，呈四面流水。外间是长廊，设长凳，是全家人休息及妇女纺纱织布做针线的场所。另一端是待客的客房，中间是堂屋，堂屋中央设置有神龛，内间为火塘。第三、四层还分作挂禾把、存放谷物的仓库，以及晾晒衣物之处。顶棚层为堆放杂物之处。

吊脚楼是半干栏形式，与苗族吊脚楼大体相同。为适应山区的需要，吊脚楼建在斜坡上，后部与坡坎相接，前部用木栏架空，或接柱廊，像是吊着一根根柱子。吊脚楼前半部是架空的楼房，后半部是接地的平房。有的人家为进出方便，大门开在后面，或利用偏厦修围廊以通前廊，无须楼梯上下。

矮脚楼也是干栏式建筑的一种变体。这种楼一般为四排五柱，楼高二层，一楼有堂屋、火塘和卧室，二楼为仓库和客房。一楼的两端另配以偏厦，一端偏厦设在楼上，另一端偏厦设灶房，畜舍另建。

侗族民居因地制宜，合理地利用空间，架空的底层根据不同的使用要求可以畅通，可以隔断，外壁可以封闭，可以开敞，空间分隔十分灵活。楼梯多布置在单元侧向端部偏厦开间内，入口位置设在山墙面，梯段多采用单跑的形式。

宽廊是侗族民居的重要空间，它一侧与楼梯相连，一侧与廊道平行布置的各小家庭的火塘间、卧室等使用空间相同，具有社交和串联各室内空间的多种功能。

火塘间在传统的侗族民居中占相当重要的地位，是侗族家庭议事、聚会、炊事的场所，是侗族家庭的日常活动中心，设于室内空间的中心位置。随着侗族生活方式的渐变和文明程度的提高，现炊事用火逐渐被灶房所替代，然而传统的火塘作为侗族民居文化的一种象征性要素，依然保留在侗族民居中。

二、现状

根据侗族迁徙至聚集成寨的历史原因，广西三江的侗族居住的云贵高原边缘属于林区，因地理环境和气候条件适合农业生产和林木生长，当地杉木产量大并成为侗族民居建筑的主要结构材料，取材也便利，因此侗族传统民居建筑主要为木结构。就平岩村传统民居建筑的现状来看，分化较为严重。其中靠近主街道以及平地部分的住宅大部分已经进行了改造，内部风格已经和现代城市起居空间差别不大，而远离主街道、位于地势较高的山间的侗族传统民居则还有很大一部分保存着原始风貌。从平岩村整体村落中的侗族传统民居建筑的现状来看，可以从以下几个方面来描述。

（一）建筑风格与特色

从侗族村寨形成的历史成因，其传统民居建筑基本形成了较为统一的以木结构或砖木结构为主的结构体系；在空间上基本形成了底层饲养牲畜—中间层起居生活—顶层贮藏的居住层次；在色彩上保持了结构原木原色，屋面为统一的灰黑色小青瓦。侗族传统民居建筑无过多的装饰，形成了其质朴的风格和特色。

（二）平面功能与布局

因平岩村所处地理位置气候温和、阴雨天多，空气湿度大，因此民居建筑一般底层架空防水防潮，架空层主要是圈养家禽家畜、设置厕所以及堆放杂物等。中间层一般设置厨房、堂屋、卧室等生活空间；顶层一般用于贮藏粮食或堆放其他物品。其中中间层是居民最常用的居住空间，底层和顶层基本围绕着日常生活展开。虽然平岩村的民居建筑也因其因地势而建而有一定的不同，比如有些民居坐落在地势较为平整的场地，有些堂屋则直接位于房屋进门口第一间，有些散养家禽家畜则圈养在房屋周围等，但是基本的平面功能和布局均主要围绕着他们的日常生活展开，差别不是太大。

（三）生活舒适性与便利性

由于平岩村民居建筑结构主要为木结构或砖木结构，透气效果好，夏季能够及时散热，室内还是较为凉爽的。但是对于冬季而言，缺乏保温层的木结构房屋则非常阴冷，但长期以来，侗族居民有冬天烤火的习惯（图16），堂屋或厨房常设有火塘，兼顾取暖和烹饪的用途，基本能够满足居民四季对于冬暖夏凉的需求。然而从生活舒适性的角度，底层圈养家禽家畜和设置厕所有较大的气味，夏季粪便发酵还会引得蚊蝇进入室内，很大程度上影响着人们的生活环境；火塘取暖多用烧炭的形式，容易造成火灾和一氧化碳浓度过高，烟气缭绕同样影响着室内的空气质量。由于长期以来形成的这样的生活方式，大部分的居民认为这样的生活还是较为舒适和便利的，尤其是近年来解决了室内用电和通自来水等，已经极大地改善了他们的生活环境，年长的居民更愿意延续这样的生活方式，而村里的年轻人更趋向于再进一步地改善居住环境和质量。

图 16 居民围坐火塘取暖

平岩村老一辈居民基本延续了侗族人民传统的生活和劳作习惯，日出而作，日落而息，春耕夏收，现代生活的改变对他们的影响不是太大。年轻一代受乡村快速发展影响较大，一部分年轻人进入城市工作和生活，一部分年轻人留守村内，随着政府对村落的改造和升级，旅游业带动商业化的发展，经济水平的提高大大增加了生活舒适性和便利性，这部分年轻人也能够很好地抓住机会留在家乡传承和发展。

1. 厨房与饮水

长期以来的生活习惯决定了厨房是平岩村侗族民居建筑里非常重要的部分，由于居民更喜欢自制民族饮食，相对于城市里的居民在饮食上要花更多的时间，厨房的用火同时也兼顾冬季取暖用途，因此厨房在他们的日常生活起居里扮演着非常重要的角色。但是由于厨房用火和其民居建筑的木结构是对立的关系，因此，近年来一部分有条件的居民自筹资金或在政府的支持下将厨房部分挪至室外独立成室，较之前紧张的对立关系缓和了很多。同时，随着自来水入户，居民的生活有了很大的改善，厨房的整洁度与食物的清洁度均较以前有了很大的进步。

2. 卫生间

经走访调研，平岩村部分沿主街或靠近地势较低地段的侗族民居建筑已经进行了较大的改造，排污管道和设施已经连接至居民卫生间，这部分民居建筑除建筑平面功能布局和建筑立面以及造型基本保持侗族传统民居建筑的特色外，其内部的生活方式已经跟现代生活方式没有太大的区别了。部分在坡地或是远离主街道的传统的侗族民居内，卫生间还处于较为原始的状态，即位于底层，与饲养家禽家畜、杂物堆积处并存。因平岩村的形成早于规划设计，因此平岩村的民居在形成时多属于自然生长的状态，因此，这部分的民居建筑卫生间在改造上存在一定的困难，但是，也正因为如此，还有这部分的民居建筑，使我们能看到他们自然的生活方式和状态。

3. 夏凉冬暖

平岩村侗族民居建筑主要为木结构或砖木结构，因平岩村地处亚热带，全年气候温和，因此外墙无须设置保温层。木结构的房屋透气，夏季能够很好地利用建筑本身的特点进行空气流通和交换，能够很好地将室内的热空气自然地带出室外，同时引进新鲜空气，形成自然的空调系统。平岩村所在位置冬季时间较短也较为温和，无极端天气。调研中发现居民还保持有冬季烤火取暖的传统，烤火取暖能够帮助居民度过较为短暂的冬季。部分侗族民居火塘间的构造仍保存完好，火塘间作为侗族物质文化的一种象征性要素，体现着侗族居民长期以来形成的生活习惯和习俗。

4. 家禽家畜饲养

家禽家畜的饲养俨然已经成为侗族居民生活不可缺少的一部分，平岩村居民家家户户基本都饲养有鸡，有鱼塘的家庭则一般饲养有鱼和鸭，这和他们逢年过节要吃鸡吃鸭以及侗族特色风味酸鱼分不开。家禽家畜的饲养一般位于民居底层，部分居民为饲养鸡鸭方便，在住宅底部外墙设计有进出口，方便家禽家畜白天出去觅食，晚上回来休息。家禽家畜粪便也会进行阶段性的清理，可以作为他们种植瓜果蔬菜茶的有机肥料。留在村中的年轻人则已经不具备种养的技能了。

5. 蔬果茶种植

平岩村所在的林溪乡位于山区，地势较低且较为平整的地段已经基本形成了集中的民居建筑群，即村落，种植地则分散于水边或山地。平岩村老一辈和中年居民仍延续着农耕的生活方式，大部分饮食原料能够自给自足。近年来政府鼓励和推进平岩村种植茶叶，以提高村民收入，改善居民生活水平，因此位于山地上的耕地则更多呈现为茶叶梯田，形成了独特的景观（图17）。经走访调研，茶叶种植需要长期持续的精心护理，大规模种植对于护理时长和护理人工数量都提出了较高的要求，因此平岩村居民种茶目前仍以家庭种植为主。三江茶叶已逐渐形成茶叶产业链，茶叶品质较好，但加工技术和包装目前还依靠外来企业进驻，平岩村种茶的居民目前位于茶叶产业链最初端。

图 17 茶叶梯田景观

6. 其他

关于平岩村传统民居建筑的调研，位于山坡或远离水边的民居基本较为完好地保存了原始状态，但由于平岩村所在位置全年空气湿度较大，木材作为民居建筑的主体结构和外围护结构有它的缺陷。住宅建成后因缺乏日常的保养和维护，很多民居建筑均出现了柱子倾斜、房屋整体倾斜、木梁弯曲、围护结构受潮腐烂等问题，这些问题的出现直接威胁到居民未来的生活。经调研，部分居民对于房屋出现的问题表示无所谓和无奈，主要还是自己没有足够的维修资金进行修缮。平岩村老一辈村民对于房屋修缮没有过多的要求，中年村民则有较强的意识争取维修资金进行房屋修缮。但从前些年政府投入平岩村整体改造的资金使用情况来看，大部分的改造落地于主街道的民居外立面，对于远离主街道和山坡以上的民居基本无投入。

三、保护现状

通过对三江程阳八寨侗族民居进行调研，八个寨子，即大寨、懂寨、平寨、岩寨、马鞍寨、平坦寨、吉昌寨、平铺寨保护现状差异较大。其中从整体保护现状来看，规模较大、保护较好的主要是以马鞍寨、岩寨、平寨这三个寨子连成片状的核心区域（图 18）。这三个寨子较为靠近村落主干道及程阳风雨桥，被林溪河环绕，地理位置最佳，建筑形制较为统一，民居有的依山而建，有的沿河成片，重建改建民居立面时主要进行的统一处理，从视觉角度看未明显破坏侗族村寨整体风貌。但由于这三个寨子是程阳桥景区的核心区，长期接待观光游客，催生出大量的客栈、酒吧等，民居内部改动较大，形成商业型平面布局较多，这部分已失去原有的侗族民居传统风格。

图 18 马鞍寨、平寨、岩寨现状（2021 年）

懂寨、大寨虽然紧邻这三个寨子，但懂寨、大寨以及平铺寨位于乡村二级公路沿线，受外来文化影响较为直接，尤其是平铺寨，传统侗族民居木楼已所剩无几，大多被适应现代化生活方式的砖混结构民居替代。平坦寨和吉昌寨离其他寨子较远，其中平坦寨也处于乡村公路沿线，但寨子相对偏僻，所以目前侗族传统民居相对较多，但沿街的建筑也多为普通砖混结构的民居。吉昌寨是位于大山岭中一片狭长山谷中的小寨，因地势狭长凹陷，位置相对偏僻，只有一条路进出寨子，因此传统民居尚保存较好，大部分民居依山而建，蜿蜒层叠，有层次感。

（一）开发的局限性

通过对平岩村、高定村、高友村的调研发现，经过建筑修缮及设施完善后进行旅游开发的平岩村，不论是传统民俗的展示还是生态环境的保护，都较好地呈现了传统村落的风貌特色。但旅游开发也存在一定的局限性，核心保护区以外的非旅游规划区域建筑保护不及时，村落巷道比例尺度被改变后不理想，对于重建改建监督不到位，新旧建筑无法很好地融合共生。

（二）开发的矛盾性

相比已经实现旅游开发的平岩村，高定村等尚未开发的传统村落风貌则显得更加原生态，例如大部分的街巷老的木结构房屋仍采用传统的建造方式进行建造和修补，突显了地方的历史与文化。但由于村民对建筑的形态、布局及规划等缺乏专业的认知，使得新建建筑格格不入，因此一定程度上破坏了传统村落的整体风貌。

（三）传统特征的消失

侗族有语言文化，却没有自己的文字记录留存，历代传承传统文化时主要靠口述。然而，口述的传承方式会随着年代不同、口述者和接受者的理解能力不同等情况而出现传承偏差和时代的影响造成的堆叠。比如随着三江侗族年轻一代居民对生活质量的要求提高，很多年轻人不再适应火塘、堂屋等传统布局，取而代之的是现代城市的居室布局。这种变化在三江平岩村部分新建民居中表现尤为明显。

（四）人文内涵的缺失

近年来，三江侗族村落的格局发生了一些变化，村落的风貌也因建筑的形态和风格的转变而转变。有的从集中式布局逐步向周边扩展，有的沿公路进行建设以适应交通便利的需求，更多的是建筑遗产的功能发生转变，比如民居从居民自用向民俗、茶馆、超市等文化旅游功能的方向转变，建筑周边充斥着现代化的旅游设施，盲目的转型与开发使传统村落的遗产不够突出，破坏了原有的人文景观与历史内涵。

（五）病害现象严重

三江侗族民居建筑主要为木结构建筑，或者砖木结构，这些建筑常见的病害主要表现为木结构出现腐朽、开裂、倾斜、坍塌等问题，填充砖石部分则容易出现墙体开裂、砌块风化酥碱、墙基苔藓现象严重等。再加上一些错误的修缮行为加重了病害的劣化发展和恶性循环，也破坏了民居的文化价值和历史价值，新建与拆建工程破坏了传统村落的历史风貌，可见村落的产业化发展及现代化建设对其建筑遗产造成了强烈的冲击。

（六）传统建造技艺的遗失

侗族传统民居建筑建造的设计师被称为"墨师"，墨师是掌控建造全过程的设计师，从建造到施工都由墨师一人负责。侗族传统民居建筑作为一个整体进行设计和建造，需要经历准备、木构件制作、木构件装配、盖瓦、装修等繁复的过程。然而墨师的建造技艺一直是师徒传承的传统方式，缺少文字和图像的记录，对于传统建造技艺的传承难度较大，并且越来越少的当地年轻人愿意学习传统建造的手艺。为了抢救侗族传统民居建造的技艺，目前部分墨师也被列为非遗传承人，然而，面对传承的尴尬现状，比较迫切的是需要文字、图片、影像等现代手段进行建造技艺整体的记录和留存。

在调研中，虽然相关部门做了很多工作，但很多工作仍然无法深入。比如管理者是没有专业背景的年轻人；比如在平岩村设立的侗族木构博物馆，除了一些视频介绍，就是一些木构的小模型，缺少图片、文字以及相应的建造技艺传承人来进行主持，这样也很难实现传统建造技艺的传承和发展的目标。

四、本章小结

从近年来政府部门以及相关管理部门对广西三江侗族聚落的规划和管理实践来看，仍存在着很多的问题。虽然以程阳八寨作为典型来设置 5A 旅游景区的核心部分，但是从村民个体的传统民居住宅保护和维护来看，仍然没有太多的资金投入，传统民居建筑仍然处于被保护政策的边缘，这对于长期的侗族聚落保护和发展是非常危险的。其更多的资金是投入在道路、基建、旅游文化等方面的建设。比较突出的是在旅游规划时，将原来的程阳永济桥的旅游入口处南移了数公里远，游客进入核心景区必须排队乘坐观光车，耗时耗精力，很多游客反映非常不方便，很多游客在进入核心景区之前已消耗完参观的热情，会存在抱怨的情况。此外，在南入口处都是仿建的侗族新建筑，模仿国内其他古镇建设商业街和酒店，虽然在刺激经济消费上有一定的意义，但是这样又变成了全国古镇一个样，失去了很多自己的特色。在调研中很多居民也反映，开发商和管理部门的这种做法抢了村民（尤其是自宅民宿、自产当地产品）的生意，影响了他们的经济来源。

因此归根结底，还是要以最基本的单元即侗族传统民居建筑的保护作为最基本的工作，没有这些基本单元的保护和延续，我们是没有办法看到今天的景象的。

第四章 保护研究框架

一、五个问题

从多年来有关于民居建筑的研究来看，国内大多数学者主要研究民居平面与形态、民居特色等方面，而对于民居保护理论和民居保护框架的建构才刚刚开始起步。对于侗族民居建筑的研究，也主要以平面、形态以及特色为研究对象，在保护方法、保护框架等方面还未有系统而全面的理论研究成果。因此在保护方法和保护研究框架的建构上，本章主要结合前面章节的论述，从五个方面的问题进行归纳和建构：为什么保护？保护什么？如何保护？谁来保护？如何评价？其中第五个问题将在本章第四部分详细展开。并结合国家、地方保护政策导向，在同类项目保护研究框架参考的基础上，形成本章的保护研究框架。

（一）为什么保护？

20 世纪 30 年代，"民居"这一专业名词尚未广泛应用，平民的住宅作为学术研究对象标志着中国传统文化中"人本内核"内容的重要体现，也是对既往研究方向的一个重大转变。不同的民居体系都有着自身的发展规律，占有重要的位置的人的要素、人们的生活方式、建造房屋的技术手段、建造材料、为了适应环境而最终形成的载体——民居，它们集中体现了现实中人的生活理念，民居是一个具有生命力的有机体，体现着独特的魅力。民居建筑本身也成为民居文化不可分割的一部分。民居的内涵实际上就是以人为核心的文化、场景和载体组成的具有生命的综合体（图 19）。

民居 {
· 人：一切关系的总和
· 文化：土地形态、生活方式、观念理念、价值观念等
· 场景：自然边界、地理环境、气候、环境生态等
· 载体：乡村、建筑、装饰、纹样、色彩等
}

图 19 以人为核心的民居内涵（自绘）

因此，传统民居建筑和与其相适应的各种要素之间存在着密切的联系，各相互联系着的要素组成的体系中，如有某一或部分要素发生了改变，比如居民生活方式发生了改变或者有新技术新材料的出现等，必然对传统民居建筑的存在和发展产生巨大的影响。因此，民居建筑的保护应该以时空为坐标，在时代发展中对于有积极意义的变化进行动态及活态保护。

（二）保护什么？

显然，本研究主要保护与保存"骆越"部族典型少数民族侗族遗存。之所以这里表达为遗存，是因为发展是必然的，改变也是必然的。侗族人民又特别擅长建筑，传统民居建筑作为侗族遗存的一部分，用可持续发展的保护方法对其进行保护则尤为重要。

1. 保护侗族民居建筑的形态

侗族民居建筑是侗族人民为了适应自然进行创造并不断改进的广西典型少数民族建筑之一。刘敦桢先生的《中国古代建筑史》中描述"居住于广西、贵州、云南、海南岛、台湾岛等处亚热带地区的少数兄弟民族，因气候炎热，而且潮湿、多雨，为了通风、采光和防盗、防兽，使用下部架空的干阑式构造的住宅。"侗族民居建筑的出现和形成也符合这个演变过程，其建筑形态既具有干栏建筑的特征，又具有自己民族的特点（图20）。

图20 三江平岩村侗族传统民居建筑干栏立面形态

2. 保护侗族民居聚落的整体风貌

如果将侗族民居建筑单体作为重点保护对象，则侗族聚落或侗族村落是侗族人民的生活方式的集中体现。侗族聚落作为社会关系存在的实体，实际上是侗族民居建筑单体及侗族人民的生存发展容器和社会生活的载体，因此，从这个意义上说，侗族民居聚落是侗族文化的表征，这种表征由组合成聚落的大量的传统民居建筑组成并体现，也同样会随着适应时代发展而变化。

（三）如何保护？

有关于如何保护的问题，需要落实到具体的保护目标及保护方法上。保护目标首先就是保护好三江侗族传统民居的总体特色，这些特色是三江侗族建筑及村落的内涵所在，也是我们需要认真保护的精华。

1. 特色的保护

广西三江侗族民居的建筑特色保护大致有以下四点：

（1）保护平面特色鲜明：主要包含干栏式住宅（前廊直入型、前廊火塘型、前廊堂屋型）和地面式住宅（一明两暗型、三合型、四合型）等，这几种基本平面形式非常成熟且适应当地气候条件与生活功能需要，但不刻板、拘泥，而是随地形、环境等不断有所变化与增减。

（2）保护构筑因地制宜：三江侗族民居建筑虽皆由木结构、土墙、砖墙、瓦顶所构筑，但在遇到坡地、水系等不同地形、地势时，不是破坏地形与地势，而是非常巧妙地与坡地、水系相结合，利用、处理得非常精彩（图21）。

图21 因地制宜的侗族传统民居建筑

（3）保护造型朴实生动：三江侗族民居建筑体形组合纵横交替、高低错落、有机别致，群体轮廓舒展柔和而优美；立面处理各部分比例协调，材料简朴而有对比，色调和谐而又素雅；造型洒脱生动，风格朴实。

（4）保护装修简约雅致：檐板、柱头、门、窗、栏杆等装修简约实用，丰富而不华丽，具有三江侗族自己鲜明的地方特色与独特的审美价值。

以上具体的保护细节，可以做成保护图册以供参考，因随着时代的变迁，很多具有特色的侗族传统民居建筑整体风貌或局部细节都有可能消失，整理成保护图册，今后就可以对照图册进行保护。

2. 保护指导思想

同时，为更好地保护传统侗族民居建筑，在制定保护方法时，从保护的指导思想上，建议从以下三点出发：

（1）保护理论要具备实践指导性：实践能够参照理论进行应用，发挥理论对现实的指导作用。

（2）专业性融合通俗性：保护理论需进行简化，使普通大众能够理解，保护内容、保护标准、评估标准要通俗易懂，能够被当地居民在民居维修、改善或翻建中理解和接受，建议进行对比说明。

（3）保护理论的现实可操作性：保护理论是一个体系，体系是在时代发展中不断改进和完善的，在现实中遇到的问题及正确的做法，应有可参考依据或相关依据进行推动，以实际问题的解决不断推进保护理论的完善。

3. 保护实践

从近年来三江平岩村的保护实践来看，有关于侗族传统民居建筑的保护还是有自己的保护方法和保护模式的，即从面到点的保护方法。参照"统一规划、统一设计、统一施工"的原则，采取了"整村推进"到"个体维修"的从面到点的保护方法。

（1）整村推进

近年来侗族村寨作为一个整体进行了世界文化遗产的申报工作，并于2021年11月进入中国申报世界文化遗产的预备名单。在联合申报的25个侗族村寨中，就包括了三江侗族自治县的高定村、平岩村、马鞍村、高友村、高秀村5个村落。为了申遗做准备，2017年至2018年，三江平岩村进行了整村的改造，改造由"面"到"点"，此后高友村等几个村落也陆陆续续进行整体改造，将原始的侗族传统民居建筑以及新建的民居建筑在风格上进行了统一（图22）。

图22 马鞍寨整体风貌（2021年）

就调查的村寨来看，平岩村、高友村都实施了这种整村推进的模式，这种模式在改造过程中努力做到了"风貌统一、格调一致、修旧如旧"。部分保存较好的侗族传统民居建筑实施的是原地保存的方法，在不改变原有格局的前提下实施监测，小问题以维修为主，尽可能保持原样的居住空间。部分新建的民居，居住空间格局已经完全改变为现代的生活平面，这部分民居仅仅是在表面进行了装修上的统一，居住空间实质上已经不再是传统的平面布局。

整村推进的改造总体效果还是比较好的，至少新旧民居的风格统一，看起来比较和谐，整村能实现整齐划一、特色突出的效果。

（2）个体维修

由于资金的投入总是有限的，部分保存较好的侗族传统民居建筑实施的是原地保存的改造模式，因此这部分民居建筑的维修资金反而较少。经调研，三江平岩村年轻劳动力大部分外出打工，留在村内的更多是中老年人以及外来人员，这部分人员由于保护意识的缺乏和经济条件上的限制，很难靠自身的经济能力进行房屋维修和保养，在日常的生活中，顶多也是偶尔进行更换个别构件等的一些小的维护。对于长期的保护资金投入和动态监测，目前还未有相关部门进行主持和实施。依靠个体进行维修，容易因时代变迁、居民生活方式的改变而自发进行局部改造，这部分如果没有专门的长期的动态记录，变更活动将无迹可寻。

（四）谁来保护？

有关于谁来保护我们的传统民居建筑，也是一个值得深入的问题。涉及到保护侗族传统民居建筑，一直以来是一种自上而下的保护阶梯，然而自下而上的保护理念应该更符合可持续发展的战略。

1. 政府及相关部门

目前，有关于文物保护、遗产保护、传统民居建筑等的保护层面，从行业归口与行政隶属关系上，也隶属于不同的政府部门来进行管理。从省级行业部门管理现状来看，"不可移动文物"在"中国世界文化遗产预备名单"上的归口部门是省级文物局，"历史文化名镇（村）""传统村落"的行业主管部门是住房和城乡建设厅。以上这些关系的交叉，都说明了传统民居建筑等建筑类遗产在保护体系中的位置和作用未得到正确的界定与划分。此外，有关于侗族传统民居建筑作为建筑遗产在认定、保护的法律法规及保护规划编制与审批方面还有可进一步完善的空间。这也说明了侗族传统民居建筑在村落这个层面仍处于起步和探索阶段。

因广西三江侗族传统民居建筑及聚落保护是一项日常性的、综合性的动态保护工作，它会涉及到侗族传统民居建筑作为文化遗产及构成传统村落的基本要素的各个方面，这些保护工作需要通过专门的管理部门来组织和协调。因此，建立管理标准与规范，完善传统民居建筑保护的法律法规，建立专门的保护机构，制定保护政策，建立资金保障及运行制度，培养专业的保护人员，是将来进行传统民居建筑保护的重要建设内容。

2. 专家及专业人员

侗族传统民居建筑是自己民族的工匠设计和建造的，他们对于传统民居建筑而言，是真正的专家。在培养和传承工匠技艺时，应当重视他们的技术水平和能力，可以常规性地集中工匠进行自我培训和传承建造的理念、建设的过程、选材和技艺等，提升工匠们的专业水平，实现传承的目的。

此外，政府的专项管理部门应当积极组织各相关学科专家学者参与，因侗族传统民居保护是一项涉及多学科的工作，可以成立相关学科专家团队，对传统民居建筑的保护和发展定期进行充分的讨论和研究，以推动传统民居保护，使其更前瞻、更系统、更全面。

3. 居民和大众

广西三江侗族聚落的存在是一种自发生长的初期原始形态，学界称之为没有设计师设计的传统民居建筑，即是村民自行设计自行建造的特色干栏式传统民居建筑。它是在形成具有特色的传统民居建筑和聚落的今天，被人们发现并提出保护的。因此，在传统民居建筑的保护和可持续发展方面，应当广泛听取居民及群众工匠的意见，集思广益，真正做好对广西侗族传统民居建筑保护和发展的指导工作。

在目前广西三江侗族聚居区的保护实践中，居民以及广大公众的参与程度非常的低，或只流于形式，没有真正反映出居民的真实想法。因此应当鼓励广大居民参与到保护工作中来，可以通过设置奖项、制定减免政策、表彰鼓励等方式对广大居民进行宣传和教育，提高传统民居建筑在居民中的认知度，引发居民保护传统民居建筑的关注和兴趣。

二、保护政策与保护内容

（一）保护政策

对于三江侗族村落而言，目前保护重点比较集中在村落的公共建筑，如鼓楼、风雨桥、戏台等。这部分是属于侗族村落的标志性建筑，是较为抢眼的部分，是需要重点保护的内容。但是，没有整体村落的存在进行烘托，这些公共建筑是没有办法发光的。因此，目前比较迫切的工作，是制定好针对看似最普通却又很重要的传统民居建筑的保护政策，以进行长效的保护。这里建议以下几点较为具体的保护政策：

1. 评定和划分侗族传统民居建筑等级，实行登记和挂牌，以及按照等级建立相应的保护政策，如保护内容、保护框架、保护标准、保护措施等。

2. 对于登记和挂牌的"重点保护民居"，须落实保护主体及保护资金，加强环境的改善，力求保护原有的传统格局，如需维修，应制定详细的《保护实施条例》执行和记录。

3. 对于登记和挂牌的"保护民居"，原则上与"重点保护民居"的要求一致。

4. 对于侗族村落中的大量的一般传统民居建筑，都需要按照统一的要求进行保护、维修、改善环境，不得擅自拆毁与破坏；允许内部增添基础设施及为满足生活需求进行必要的改造，但需向管理部门报备并进行记录；外部要力求保持传统的体量、尺度、造型、装修及风格，使用传统的材料与色调。所有的维修、加固及内部改造，均应有详细的计划并进行记录。

5. 对于在原址上翻建的传统民居建筑，必须按照传统的形式，使用传统材料，要有详细的设计并进行记录。

6. 对于村落中的破坏性建筑，应按照《保护实施条例》进行改造或分期分步进行拆除，改造需有详细的设计并进行记录。

（二）保护内容

针对三江侗族民居建筑的具体保护内容，建议从以下几个方面进行：

1. 保护原有侗族民居与地形、水系自然布局的关系，不随意破坏地形。

2. 保护原有以堂屋为核心的传统平面布局，传统平面布局外不建议加建、搭建任何附加的、临时性的建筑物或构筑物。

3. 保护传统民居原有的高度、进深、开间等尺度，不建议任意加高、加深、加长。

4. 保护原有木结构及其构筑方式，对于局部需要加固的墙、板、柱，对外不改变原有风貌。

5. 保护侗族民居的外部造型及轮廓，不建议加建露出原有轮廓的建筑物、构筑物及架设附加物。

6. 保护侗族民居建筑原有外立面风貌，对墙面、檐口、台阶、外表门窗、入口等不改变形式、风格、色调或暴露新材料。

7. 保护原有侗族民居的细部装修，对原有木结构、铺地、门窗隔扇、梁枋装饰构件、栏杆等不拆改或涂抹。

三、保护及发展框架

个体民居建筑的保护目前还未有统一的标准可供参考，在实践项目中，更多的是参照文物保护制度。侗族传统民居建筑作为整"面"的保护框架，是参照 2013 年 9 月 18 日印发实行的《传统村落保护发展规划编制基本要求（试行）》，这个基本要求是为指导各地做好传统村落保护发展规划编制工作，由住房和城乡建设部制定的编制文件，它也适用于广西侗族村落及其传统民居建筑保护发展规划的编制（图 23）。

从传统村落保护发展规划编制要求基本框架来看，其"保护规划"和"发展规划"是相互联系并需要同时考虑的，这一点与文物保护制度、历史文化名镇（名村）保护规划相比，是比较突出的特点。正因为传统民居建筑组成了传统的村落，延续着居民的生活常态，因此，发展中的保护是需要特别考虑的编制内容。

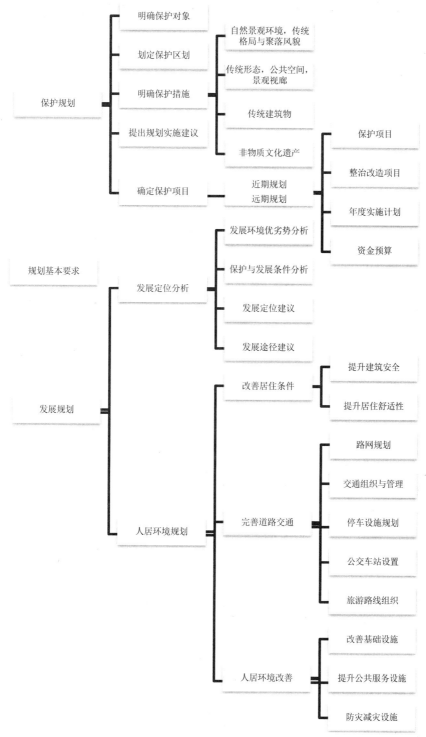

图 23 传统村落保护发展规划编制要求基本框架

根据广西三江平岩村规划平面图来看（图24），传统民居建筑是支撑整个侗族聚落的重要组成部分，对于这个数量较大的群体的保护和发展规划，都应与编制要求相适应，以保证聚落形态以及传统民居建筑的生长是一种健康的、积极的、可持续发展的状态。

①景区售票点	⑨二号岩寨鼓楼	⑰水坝	㉕村民活动广场
②程阳风雨桥	⑩平寨鼓楼	⑱公厕	㉖井亭
③合龙风雨桥	⑪新寨鼓楼	⑲变压器	㉗景观亭
④万寿桥	⑫马鞍寨戏台	⑳停车场	㉘寨门
⑤顿安桥	⑬岩寨戏台	㉑商店、制作吧	㉙平岩新寨
⑥新建风雨桥	⑭新寨戏台	㉒茶坊、酒坊	㉚旅游接待中心
⑦马鞍寨鼓楼	⑮平岩小学	㉓特色商业街	㉛卫生室
⑧一号岩寨鼓楼	⑯便民风雨桥	㉔侗族工匠世家	㉜平岩村委
			㉝景区管委会

图 24 广西三江平岩村规划平面图[1]

四、评估标准

广西侗族传统民居建筑的保护和发展评估标准，可以理解为包含传统民居建筑的物质文化遗产保护和非物质文化遗产保护两个部分，参照 2012 年住房和城乡建设部印发的《传统村落

---

[1] 根据广西三江平岩村规划总平面图绘制。

评价认定指标体系（试行）》，对侗族传统民居建筑的物质文化遗产保护部分的评估标准进行了归纳和调整以作为参考（表1）。

表1 侗族传统民居建筑物质文化遗产保护评估标准

序号	指标	指标说明	分值的设定与释义	获取方法
1	久远度	传统民居建筑修建年代	可以定义为修建年代越早，分值越高	定量
2	稀缺度	传统特色	具有一致风格的传统民居建筑分值高	
3	规模	传统民居建筑规模	按传统民居建筑的规模及数量进行评估，量大则优	
4	比例	传统民居建筑所占比例	在村落中传统民居建筑数量占总体数量的比例，比例大的分值高	
5	完整性	传统民居建筑保存情况	保存完好的分值高	定性
		传统民居建筑使用情况	延续使用或正常使用的分值高	
		整体风貌	风貌协调一致的分值高	
6	工艺美学价值	民居建筑造型	地域、民族特色突出的分值高	
		建筑细部特点	地域、民族特色突出的分值高	
7	传统营造工艺传承	民居建筑形式传承	传承良好的分值高	
		地域、民族特征传承	传承良好的分值高	

当然，对于广西侗族传统民居建筑保护而言，不仅应当考虑建立民居物质文化遗产保护部分的评估标准，还应建立其非物质文化遗产保护部分的评估标准。因为非物质文化反映了传统民居建筑的价值，是"活态"的文化，它的存在需要借助物质实体进行传承和表达。因此，非物质文化遗产的保护评估体系，可以结合广西侗族传统民居建筑的物质文化遗产保护部分评估标准来建构（表2）。

表 2 侗族传统民居建筑非物质文化遗产保护评估标准

序号	指标	指标说明	分值的设定与释义	获取方法
1	稀缺度	非物质文化遗产的级别	按不同级别进行分值设定，级别越高，分值越高	定量
2	丰富度	非物质文化遗产的种类	按照不同级别的种类设置分值，级别高的种类多的累计分值高	
		传统民俗文化的种类	种类多的分值高	
3	连续性	至今连续传承的时间	按照连续传承时间进行分值设定，连续传承时间长的分值高	
4	规模	居民参与规模	按照居民参与人数进行分值设定，参与人数多的分值高	
5	传承人	是否有明确的代表性传承人	按照不同级别的进行分值设定，级别高的分值高	
6	活态性	传承的情况	传承良好的分值高	定性
		文化空间的保存	保存完整、使用情况良好的分值高	
7	典型性	地域、民族特色	具备地域典型性或民族特色鲜明的分值高	
8	依存性	与村落及其周边环境的依存程度	与非物质文化遗产有关的相关生产材料、加工形式、活动及其空间、工艺传承等内容与物质环境的联系紧密的分值高	

  本评估标准用尽量少并简单的无交义的指标来评估广西侗族传统民居建筑的保护价值，降低了评价的主观分值偏差。此评估体系也在分值的设置和释义上给出了弹性范围，使其用于不同地域不同类型的传统民居建筑保护评估时有调整的空间，它具备较强的可获取性，以尽量保证评价结果的公正、客观性，并尽可能用简单的方式获得最多的信息以便进行数据采集和保存。

  关于传统民居建筑保护的评估标准，其目的是对它们实施有效的保护，并制定相关的措施，在动态保护中实现活态发展。因此在制定了具体的传统民居建筑保护发展规划之后，是非常有必要对规划编制的实施情况进行监测的，以使规划的目标在实施过程中也能够同时进行修正。

与国家现行的评价指标体系相比较，侗族聚居区在村落规模、村落格局、建筑内部空间、环境要素种类、民俗文化方面等的特殊性有别于其他区域的特色，在评估方面除了物质层面的评估标准外，还应增加非物质文化遗产保护评价的内容，以求较为全面地反映侗族传统民居建筑整体与村落所承载的文化价值。

对照传统村落保护发展规划编制要求的内容框架，在制定评估标准时，应尽量做到所有指标与编制要求对应，方便在评价时对规划编制以及相关数据进行对比，在发展中逐步修订和完善保护标准和评估标准，将目标具体化（表3）。

表3 侗族传统村落及民居建筑保护发展实施效果评估指标[1]

		指标	评估指标说明	获取方法
保护措施实施效果	环境风貌与整体格局	保护实际控制区域变化	保护实际控制区域相比保护前的面积大小变化。	定量
		自然景观环境变化	以聚落周边自然山水格局的保护情况为评估标准。	定量
		传统格局与聚落风貌	以聚落整体风貌、形态、格局的保护情况为评估标准。	定性
		自然环境与人工环境结合度	自然环境与人工环境结合度，以其与上一次评估或保护规划制定时相比较的改善情况为评估标准。	定性
		生态保护	以聚落周边工厂企业发展变化情况为评估标准。	定量
		景观视廊整治	以整治结果与景观视廊原状风格相符程度为评估标准。	定性
	公共空间	街道整体风貌修复	以整治结果与街道原状风格相符程度为评估标准。	定性
		街巷格局保护情况	以主要巷道和次要巷道的修缮情况为评估标准。	定量
		公共空间整治	以整治结果与公共空间原状风格相符程度为评估标准。	定性

---

[1]（蔡凌．侗族建筑遗产保护与发展研究［M］．科学出版社，2018：98，99．）

续表3

	指标		评估指标说明	获取方法
保护措施实施效果	物质文化遗产保存与修复	传统民居建筑保存数量	以传统民居建筑现存数量的情况为依据	定量
		传统民居建筑修复情况	以传统民居建筑维护更新的情况为依据	定量
		建筑修复材料和技艺	以传统民居建筑修缮、整修、改造等与原状相符程度为评估标准	定性
		历史元素修复材料和技艺	以历史环境要素修缮、维护等与原状相符程度为评定标准	定性
		历史环境要素存留数量	根据历史环境要素存留数量相比上一次评估或保护规划记录数量之比例分级	定量
		传统民居建筑、历史环境要素记录	包括传统民居建筑、历史环境要素的测绘记录、口述历史的记录，以其详细状况为评估标准	定量
	非物质文化遗产保存	传承数量	以非物质文化遗产类型数量与上一次评估或保护规划制定时数量比较的情况为评估标准	定量
		传承者的存续情况	根据非物质文化遗产传承人数量与上一次评估或保护规划制定时数量比较的情况为评估标准	定量
		活动参与人数	以活动公众参与人数与上一次评估或保护规划制定时数量比较的情况为评估标准	定量
		遗产的记录和储存	以非物质文化遗产记录和储存状况为评估标准	定量
保护计划落实情况	保护计划落实情况	保护项目	以保护规划制定的保护项目落实的数量为评估标准	定量
		整治改造	以保护规划制定的整治改造项目落实的数量为评估标准	定量
		分年度实施计划	与保护规划制定的分年度实施计划的完成情况为评估标准	定量
		资金	以实际到位资金与保护规划制定时的资金估算比较为评估标准	定量
人居环境规划实施情况	改善居住条件	提升建筑安全性	以与发展规划制定或上一次评估时建筑数量比较的情况为评估标准	定量
		提升居住舒适性	以与发展规划制定或上一次评估时建筑数量比较的情况为评估标准	定量
		公共服务设施改善	以居民生活方便满意程度为评估标准	定性

续表 3

		指标	评估指标说明	获取方法
人居环境规划实施情况	改善居住条件	污水处理设施改善	以污水处理设施的改善情况为评估标准	定量
		环境卫生	以居民对环境卫生条件改善满意度为评估标准	定性
	完善道路交通	路网规划	以与发展规划制定或上一次评估时相比较的道路系统改善情况为评估标准	定量
		交通组织与管理	以与发展规划制定或上一次评估时相比较的交通组织与管理改善情况为评估标准	定性
		停车设施规划	以与发展规划制定或上一次评估时变化为评估标准停车场面积与停车位数量	定量
		公交车站设置	以与发展规划制定或上一次评估时相比较的公交车站设置数量变化为评估标准	定量
		旅游路线组织	以与发展规划制定或上一次评估时相比较的旅游路线组织情况变化为评估标准	定性
发展定位与建议的合理性	旅游发展	旅游服务配套设施情况	包括旅游接待有关的饭店、酒店、商店、停车场等，以其与上一次评估或保护规划制定时相比较的改善情况为评估标准	定量
		游客数量	以节假日游客数量的变化情况为评估标准	定量
		游客数控制措施	以为保护设立的游客数量控制措施预备情况为评估标准	定量
		旅游管理部门开发效益	以旅游管理部门开发效益的变化情况为评估标准	定量
	村庄效益	社会投入情况	以社会投资资金数额变化情况为评估标准	定量
		村庄集体经济总量	以村庄集体经济总量的变化情况为评估标准	定量
	居民收益	居民人均收入	以居民人均纯收入的变化情况为评估标准	定量
		就业带动情况	以居民就业的变化情况为评估标准	定性
保护发展规划的社会效益	公众参与	规划认知度	指居民对保护规划的了解程度，了解越多越好	定性
		居民参与度	以居民参与规划制定、实施、决策等的次数为评估标准	定量
		居民对保护的满意度	以居民的满意度调查为依据	定性
	社会宣传	社会推广	以村庄对社会推广的各种活动举办频率和影响为评估标准	定量
		综合荣誉	以上一次评估或保护规划制定后获得的最高荣誉为评估标准	定量

　　侗族传统民居建筑的保护目前处于国家制度的支持和管理下，保护对象存在重叠交叉的状况。作为建筑个体而言，它可以参照《中华人民共和国文物保护法》、《全国重点文物保护单位保护规划编制要求》来进行认定、评估和保护；而作为侗族聚落而言，它们又应当由《传统村落评价认定指标体系（试行）》、《关于加强传统村落保护发展工作的指导意见》、《传统村落保护发展规划编制基本要求（试行）》进行认定、评估和保护；目前作为中国世界文化遗产的预备名单中的文化遗产，它们应当根据《实施〈保护世界文化与自然遗产公约〉的操作指南》和《世界文化遗产保护管理办法》来进行认定和保护。从"点"到"面"的各类保护政策以及评估体系的叠加与交叉，正是侗族传统民居建筑保护的特色，再加上我国的传统民居建筑保护仍处于一个非常初级的阶段，在制定自身的保护政策时，不仅要宏观地、全局地制定适用于普遍状况的保护政策，还应当根据自身的特点与其所在地区的状况制定具有地方特色的、有针对性的法律、章程、规范和标准，使其更具备可操作性和更良好的实践意义。

　　从国内的传统民居建筑保护和发展理论来看，其实已经和国际的保护和发展理论基本一致。在此以英国伯明翰背靠背（Back to Backs）传统民居建筑的保护实践来说明国内外在传统民居建筑保护方面在为什么保护、保护什么、如何保护、谁来保护、如何评价等方面有很多的共性，当然，从这个案例中也可以发现值得我们学习的地方。

　　为什么要保护背靠背传统民居？英国伯明翰的背靠背传统民居建筑有点类似于我国南方的骑楼的建筑（没有突出的廊檐），但是它们开间和进深都非常小，通常就是一开间一进深便是一户住宅，它们是英国街区立面的重要划分元素。背靠背传统民居的平面形式为沿街一层作为门面使用，围合成的内院则为家庭生活使用（图25）。这种形式的民居建筑是19世纪至20世纪初英国普通工人的住宅，开间狭小，一般为三层独立楼房。

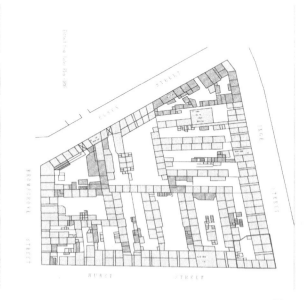

图25　英国伯明翰背靠背传统民居街区平面图[1]

[1] 根据背靠背民居博物馆展出图片绘制。

第一次世界大战结束，英国仍有超过 4.3 万套的背靠背住宅，超过 20 万居民居住在背靠背住宅内，这种住宅没有独立的卫生间（表 4）。

表 4 英国伯明翰背靠背民居住宅的室内卫生间和淋浴间设置情况

	1951	1961	1966
无室内卫生间的伯明翰背靠背居民住宅	22%	15.3%（51445）	10.8%（35970）
无淋浴间的伯明翰背靠背居民住宅	46%	31.7%（106588）	24.9%（82930）

随着时代的变迁，这种住宅已经不能满足英国普通居民的日常生活的需求了，很多背靠背民居住宅被新式住宅取代，背靠背民居住宅也以极快的速度消失，很多居民都搬离了背靠背居民区，但作为印证时代特色的背靠背民居建筑，还是被发现和保护了下来。

英国伯明翰背靠背传统民居建筑保护有哪些内容以及如何保护呢？其中一部分除了延续居住功能外（自用或租赁），一部分无人居住的民居由英国国民托管组织（the National Trust）进行管理，管理的模式为建立民居博物馆进行收费参观和开展一些收费的活动，以此保存民居建筑的活力，并以收取门票的形式自筹一部分资金以应付将来民居建筑维修开支以及人工日常开支。英国伯明翰背靠背民居街区在国民托管组织的管理下，选择了街区转角的 11 家已经无人居住的住宅进行保护和展示（图 26），还原了 3 户居住者的时代生活场景（图 27），同时有 8 户民居住宅裸露展出，以方便对比。

图 26 展出的 11 户背靠背民居住宅一层平面

图27　背靠背民居建筑保护及展示内容

那么由什么机构来保护这些传统民居建筑呢？1995年城市文物部门（the City of Hereford Archaeology Unit）被任命到此调研，同时一并参与调研的市政府的保护团队（the Conservation Team of the City Council）发现了这部分已经是剩下的为数不多的背靠背民居建筑已经在随着时间的推移开始损坏或者破败。2001年伯明翰保护机构（Birmingham Conservation Trust）与国民托管组织达成协议，由国民托管组织负责背靠背民居建筑的管理和保护工作，主要由"遗产彩票机构"（the Heritage Lottery Fund）和"欧洲当地发展基金会"（the European Regional Development Fund）分别给予的100万英镑和35万英镑，联合很多居民的捐款来进行重新维修，于2004年对大众开放（图28）。

图28　背靠背民居建筑维修前后对比图

英国伯明翰背靠背民居建筑至今仍存在一个片区，保存较为完整，保护较为良好。其使用功能也通过传承延续、利用、展出等方法实现了传统民居建筑的保护和发展，这些保护实践可以作为参考应用于我们的传统民居建筑保护和发展中。

五、本章小结

本章主要探讨的是侗族传统民居的保护研究框架，因涉及的内容非常多，在保护实践中也应当在动态中不断完善框架内容。本章的主要内容可以归纳为：

（一）有关于保护对象，侗族传统民居建筑的存在有别于其他名人故居或单体民居建筑，它在独立存在的同时，又是构成侗族聚落的基本单元。因此，确定保护对象时应当同时考虑民居建筑（单体）和传统村落（群体）两者以及需要关注它们之间的联系。

（二）政府及相关部门联合相关学科专家构成团队，集合当地工匠、居民、大众的智慧做好侗族传统民居建筑保护的各项工作，比较特殊的是，传统民居建筑的保护更适合自下而上的保护模式应，当积极吸引居民参与，倾听群众的声音，坚决地走群众路线。

（三）保护政策的制定应当具有普遍性和特殊性，并在时代的发展中不断修正保护政策各项指标。保护内容可以再不断细化，保护及发展框架和评估标准应当更贴近于广西侗族传统民居建筑的特色和特殊性。

第五章　可持续发展战略研究

快速城镇化给侗族聚居区带来的是深层次的社会转型和变革问题，而侗族村落空间和传统民居建筑的改变只是这些变革在物质实体上的表层反映。因此侗族民居建筑的保护和发展是一个复杂的社会系统工程，而常规地从物质空间层面进行静态的控制和规划只能解决这些复杂问题的某些方面。根据侗族聚落演变的背景和特征，为更好地延续侗族民居建筑的活态性，可以从发展经济、聚落管理、空间重构三个层面入手，建构三位一体的可持续发展战略。

一、经济发展策略

目前广西三江侗族村落普遍面临的问题是传统的产业结构不能适应现代社会发展需求、经济增长较慢、生态环境压力增大、农业劳动力过剩等，这些问题也是其异化和空心化的最本质的原因之一。因此作为整体的侗族聚居区以及侗族传统民居建筑的保护和发展策略，都应当从比其更高一个层次的维度来考虑产业的布局和结构调整。制定经济发展策略的根本目的是在促进当地经济增长的同时，增加就地就业，保护侗族聚落及侗族传统民居建筑，创造发展所依存的整体社会和生态环境。同时，广西三江侗族聚落的农业产业结构调整生态策略，也是发展经济的必然选择。

国内学者对侗族聚居区的经济发展建设和农业产业结构调整的研究成果颇丰，根据材料整理经济发展策略和旅游建设策略（表5）：

表5　经济发展策略和旅游建设策略

经济发展策略	调整农业产业结构，打造绿色食品基地	绿色粮食基地；绿色食用油料基地；绿色畜产业基地；绿色蔬菜基地；生态渔业基地；绿色果品基地建设等
	发展多种经营，打造林产品基地	杉木、马尾松大径级用材林基地；短周期工业原料林基地；松脂、茯苓可持续利用基地；珍贵及优良乡土树种用材林基地；木本中药材原料林；优质生态茶叶、油茶和山核桃基地；木兰科多用途树种基地；速生丰产毛竹林基地；中密度纤维板加工项目；油茶精油加工，开发油茶油系列产品；茶叶深加工；山核桃、竹笋、森林蔬菜等绿色食品开发；林产品交易市场项目；木业工业园区建设等
	整合水电和矿产两大资源优势	开发丰富的水电资源；开发矿产资源潜力等
	发展生态工业	生态工业园区建设；创建林区商贸物流中心；发展特色农产品和特色食品加工工业等

续表5

旅游建设策略	发展民族文化与生态旅游	旅游精品路线的设计、建设与推介；提高旅游管理质量，加快旅游市场体系建设；加强景区资源和民族文化的保护；以旅游带动和促进第三产业的发展

从上表分析，国内学者对于侗族聚居区的经济发展策略具体建议主要包含以下四点：

（一）建构生态农业产业体系，进行农业产业的创新

在农业产业结构调整上，以建立完善的资源节约的生态农业体系为主线，以发展农业循环经济为目标，充分发挥侗族聚居区所具有的生态资源优势，建立农、林、牧、渔业多样性生态型经济结构体系。按照高产、优质、高效、生态和安全的要求，推进生态农业规模化、专业化和基地化。推进传统农业向现代农业转变，构建绿色、生态、循环的现代农业生产体系，实现生态、经济、社会的和谐发展。特色生态农业发展应该坚持"面向市场，依托资源，保护生态，以科技为支撑，以聚落为载体"的基本原则，走产业化发展道路。

（二）发展绿色观光农业，主推绿色特色农产品

发展观光农业与休闲农业。农业已经不只有粮食生产功能，农业的旅游观光等服务功能正在成为现代农业的重要功能。广西三江侗族传统民居建筑绝大部分位于三江侗族黄金旅游区内，旅游自然资源丰富，人文景观资源独特，与之相适应的农业观光服务和休闲功能的开发也可以成为地方特色农业的重要亮点。

近年来，发展生态型绿色农产品是现代农业的发展趋势，也是提升农业发展质量的重要措施。近几年，广西三江侗族聚居区内林果业、蔬菜和畜牧业等发展迅速，已经成为优质果品、蔬菜、畜产品、茶叶的重要产区。在农业产业结构调整中，继续优化农产品结构，发挥生态资源优势。重点发展绿色、无公害、无污染的蔬菜、果品和茶叶等优势农产品，形成以生态绿色为核心的农业发展模式。

（三）延伸农业产业链，实现农业增效、农民增收

延伸农业产业链，使农业、工业、流通业各节点的经济单位结成经济联盟，通过外部交易内部化降低交易费用节约成本，通过经济结盟提高竞争力而获得更高的比较利益，从而实现农业增效。通过农业产业链的延伸，提高农民的组织化程度，农民作为产业链链条上的经济主体，享有分享产业链利益的权利，从而实现农民增收。

发展农产品精深加工，促进农、工、贸一体化，在农业增效的同时可以吸收更多的剩余劳动力。

（四）逐步发展旅游业等第三产业

广西三江侗族民居建筑及村落积淀了非常厚重的人文旅游资源。其价值在现代旅游发展中已经显露出来，并形成具有特色的民俗游，成为非常有吸引力的现代旅游项目。

民俗游能够将自然与社会、文化与生活、观感与体验、传统与现代结合起来。广西三江侗族聚居区是具备开发民俗游的独特潜力的。旅游产业是关联度非常强的第三产业，集吃、住、行、游、购、娱为一体，具有极强的乘数效应。这种效应通过游客在广西三江侗族聚居区的消费对三江侗族聚居区相关经济产业链所产生的连续促进作用和最终影响，也会促使相关经济部门增加在经济总量上的相对投入。同时旅游产业对农村劳动力的吸纳力也十分强大。通常情况下，旅游就业岗位增加 1 个，会间接给社会提供 5 个就业岗位。据调研来看，2021 年管理部门对于三江程阳八寨风景区聘任的岗位包含保安、保洁、管理岗等 100 多个，较往年增加了不少。目前，以游客为载体的旅游业，已经很明显地带来了资金流、信息流、物资流、观念流等，有力地促进了相关联领域之间的交流，比如：带动交通、能源、旅店、土特产、餐饮等产业的发展；城市人口回归自然，实现城乡交流；外地资金和旅客的涌入带来地区交流和合作。此外，游客增多与旅游线路的日趋成熟，也同样会带动景区及景区周围聚落生产方式、生活习惯、建筑风格等多方面的变化。

旅游产业虽然是藏富于民的产业，其影响范围及带动范围还是比较有限的。大多数情况下，旅游景区周围、旅游线路两侧及民俗旅游区通过出售出租旅游产品、旅游商品和提供旅游接待以及景区卫生保洁服务等，可以获得一定的收入，但许多远离景区、旅游线路的聚落，则很难从旅游业中获得收益。如何通过旅游业发展，带动更多的聚落参与其中，需要进一步的研究和探讨。以及如何尽可能地减少旅游业发展对传统村落原真性的保存和持续发展的负面影响，也是值得不断探索的问题。

二、聚落的管理

（一）村民的权益

侗族民居建筑与村落的保护与管理的核心属性应表达为承载它的"活态文化"，侗族聚落及其生活方式也是被保护和利用的一部分，它们属于"活态遗产"。贝利（Baillie）将活态遗产定义为"由历史上不同的作者创造并仍在使用的遗址、传统以及实践，或者有核心社区居住在其中或附近的遗产地"，它是"在特定的空间与时间中，对精神与物质需要的表现，这种表现持续影响着社区居民的生活"。活态遗产对使用价值与聚落居民的强调，使得广西侗族传统民居建筑在突出的使用价值与居民日常生活上区别于纪念物、历史建筑和艺术品等遗产类型，即它由生活在其中的居民赋予的使用价值必须得到延续。

在这里，使用价值与居民的日常生活有着密不可分的联系：侗族传统民居建筑的使用价值是居民赋予的，居民也是侗族传统民居建筑的管理者，居民拥有传统民居建筑的使用权、决定权与管理权。由此，活态遗产的保护利用与注重居民权益、改善聚落人居环境及合理规划聚落发展密切相关。相应地，保护与利用规划的制定应与聚落发展需求相协调。

从对广西三江侗族传统村落居民生活的调研可以看出，影响居民对整体聚落满意度的因素有很多，比如经济收入水平、社会福利、住房条件、基础设施（水电、通信等）、公共休闲空间（公园、广场等）、自然环境、村内环境卫生、村容村貌、消防设施、道路交通、社会治安、医疗服务、学校（幼儿园）等。

其中，有相当多的因素是居民对聚落物质空间、功能与环境的新的需求。广西侗族聚落人居环境还存在诸多的问题（图29）。如果传统聚落的"文化价值"或"文物形态"能够得到较好的维护和改善，就能不断加强村民从传统民居建筑当中获得的对保护和发展的认同感，激励他们对保护传统民居建筑物质实体的热情。因此，围绕着活态保护与利用中的村民生活需求问题，可以从空间控制与引导的层面来对聚落中的人居环境进行提升，一方面对闲置甚至空废的传统民居建筑进行合理的活化改造以满足现代化功能需求，另一方面基于公共活动需求，强化或创造共享的社会空间，建立起社区与遗产的密切联系。

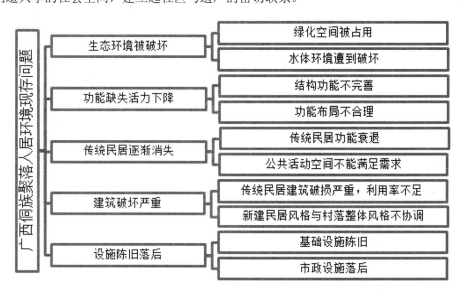

图29 广西侗族聚落人居环境现存问题

当传统民居建筑与聚落越来越成为向社会提供文化与精神消费需求的重要资源时，经营与发展将是它们担负的一项主要任务，并成为文化产业的一部分。如今，有相当多的侗族村寨被纳入政府主导旅游开发利用的计划当中，因为有着丰富的传统建筑特色资源而成为旅游开发的首选，尤其是其中一些交通便利的村寨。目前，国内村落旅游的经营模式分为所有者自主经营、个人承包经营和企业承包经营三类。其中由企业获得村落的旅游开发权和旅游业务的经营权来进行村落发展和管理是主要的一种模式。在原始村民数量较多及较为活跃的传统聚落里，社区和景区的高度重叠构成了其最为明显的特征。它既是游客旅游活动发生的场所，同时也是居民的居住和生活、生产活动区。民俗游正是依托当地居民的生活空间中的聚落景观、民情风俗、生活方式、农耕文化等为核心旅游资源而展开的，而这些旅游资源的保持、维护与发展，离不开当地居民的主动参与。

目前，当地居民参与的主要问题是：对于自身的传统民居建筑的保护认识不够，很多居民对旅游的影响缺乏全面的认知，导致居民参与保护的范围不广。在调研中也了解到存在旅游收益分配不合理的问题。由此可见，在当前的民俗游开发过程中，居民参与还是一种单向的被动的参与模式，社区居民的主体地位本质上是被忽略的，在参与过程中大部分居民处于被决定、被包装、被表达、被展示的状态。作为传统民居建筑的主人，很多居民没有获得预期的经济补偿，相关权益得不到应有的保障，致使当地居民有可能对旅游开发缺乏积极性，甚至有抵触情绪。

以程阳八寨景区核心的平岩村为例，据平岩村村委会提供的数据，2013 年村民人均年收入为 4300 元左右，整体经济状况一般。2013 年景区门票年收入人均分红 15 元，仅占人均年收入的 0.3%。2014 年平岩村依靠农林产业获得收入的村民占总人口的 40%，从事养殖的占 15%，外出务工的占 40%，从事旅游的约占 5%。这都说明了村民在旅游业中的获益太少。

因此，旅游发展与遗产保护的核心问题涉及居民的收益权和处置权。只要收益权和处置权不明确，处于弱势的一方必然会失去实际收益权，并且不断地被强势群体边缘化，利益相关者的矛盾也因此不断加剧，对民俗地的负面影响也不断强化。

如果要让当地居民能够真正获益于旅游发展，则急需通过提升不同层面的社区权益，帮助社区居民形成权力意识，打破不平衡的权利关系，增强社区在旅游开发方面的控制权和利益分享权，凸显社区居民的主体地位，让社区居民全方位参与到村落遗产的旅游发展中来，使社区居民从被动参与转向主动参与，保证当地居民的利益最大化，才能真正实现文化遗产的有效保护和旅游业的持续发展。借用斯科菲尔德（Sofield）提出的旅游增权框架，从经济、心理、社会和政治四个层面共同提升侗族聚居区传统聚落旅游开发中社区的权益和参与的有效性。以下为提升社区权益的主要内容及相互关系的分析框架（图 30）。

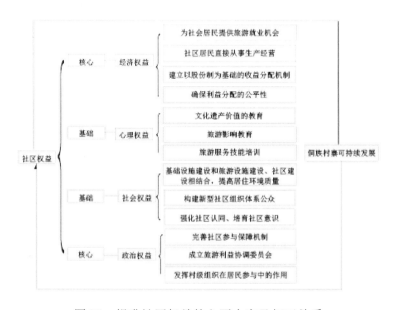

图 30　提升社区权益的主要内容及相互关系

各个维度权益提升的实现程度越高,对广西三江侗族聚落旅游业持续发展的促进作用越强。但是需要强调的是,社区权益提升的实现并不能自然地、轻易地被"获得",虽然社区居民具有能动性,但必须要有一套正式的制度来保障社区居民的利益,仅仅依靠社区自身的能力无法实现,它需要政府长期的支持和授权。

(二)公众参与管理

现阶段国家对侗族聚落管理的重点不在聚落空间形态、聚落实体景观及聚落公共空间的合理配置与布局上,而是集中在政治管理、生产资料控制、土地资源归属等方面,故而需要强有力的管理技术、管理手段和管理制度来保证侗族聚落的保存和发展,须在协调性、开放性、参与性、可持续性、文化传承性原则基础上建立侗族聚落管理的基本构架(图31)。

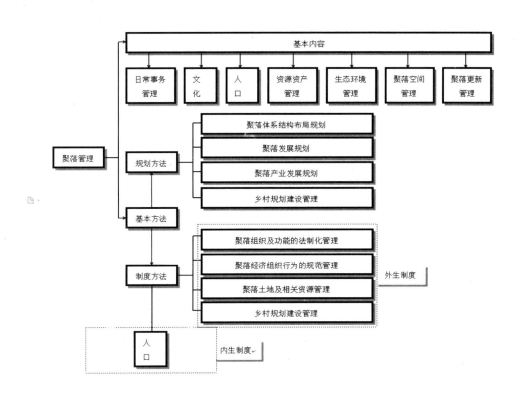

图31 侗族聚落管理基本框架

制度管理方面,尤其应注重在村民公众参与式管理理念下的居民社会基层组织建设。结合社会主义新农村建设,在国家制度的约束下,将聚落居民置于聚落发展的主体地位;在基层组织建设和治理中从最基础的"简约治理"、单向的"制度建设"转向高级的"公众参与式治理",

确保村落居民基层组织在侗族聚落保护中能发挥积极、主动的作用。完善旅游开发中的公众参与和决策制度，增加原住民参与的平等性，体现发展的社会公平。

"公众参与"的概念出现于20世纪40年代末期，五六十年代逐渐进入实践。政治社会学家相信居民的自觉、自立与自身的最终解放是解决贫困问题的根本措施，居民应该有效参与到发展项目的各个阶段中，而不是被动介入。公众参与式发展的途径是让居民能够全面地参与发展项目的规划、实施与监测及评价过程，其核心是对参与、决策发展的权利再分配。我国传统农业社会有很强的居民组织，居民能够有效地参与到乡村建设与发展之中。近年来，随着地方文化的复兴，侗族民间组织（如"宁老"等）逐渐恢复起来，参与式发展正好能顺应这一趋势，帮助居民在发展中建立起"主人翁意识"，通过对侗族村落以及传统民居建筑的保护与管理的参与，增强村民对侗族传统民居建筑以及侗族聚落的文化认同，最终服务于地方与民族文化的发展。尤其对于活态的侗族传统民居建筑，生活在其中的村民应参与到民居认知与保护中，在拥有知识与多种选择的基础上，独立决策传统民居建筑的保护问题及村落的发展方向。

居民参与式治理需要借助外部力量的扶持，但最终要当地居民建立起自我完善的管理机制。与政府主导的侗族聚落以及传统民居建筑保护往往缺乏亲和力、难以与村落融合、更关注当地的经济指标而不是聚落的能力建设相比，村民通过"宁老"组织能够自觉参与到民族文化的延续与发展之中。"宁老"组织能够有效地引导村民合理使用聚落资源，结合当代生活习俗，开展集体活动，鼓励年轻人更多地参与到这些保护传统民居建筑的活动中。这些集体参与的活动增加了村民对传统空间的使用，使村民和传统民居建筑建立起心理与认知上的联系，保证了民族文化的延续。

比如，侗族住宅形式的发展是传统民居建筑保护面临的一个难点。住宅与居民关系密切，住宅形式的选择与社区选择生活方式、发展方向的决策能力有关。"生活方式是可以保存下来的，如果对于现代化的生活发展要求不可避免的话，问题在于要为这种保存付出的代价与这种发展趋势对保存对象和生活方式所赋予的价值之间保持平衡。当然，对这种成本－收益分析并没有现成的公式，但是，为了对这样的选择做出理性评价，最重要的是，人们要能够参加对这个问题的公共讨论。"保持传统民居建筑特征并非一定要让居民忍受居住与生活的不便、承担木构住房的火灾风险。可以通过技术手段尽可能地消除传统民居建筑不适应现代生活的部分，借助现代化设施与技术保证居民生活的安全与舒适。然而，被误读的"现代化"与"先进"标准会误导居民的选择，他们需要通过教育的普及、真实与可信信息的广泛传播，以及民间组织的加强等途径来获得知识、提高能力，最终建立起一套符合民族传统与当代需求的价值评判标准，以自我管理的村民组织参与决策，担负起村落发展的责任。

三、传统民居建筑空间重构

侗族聚落以及传统民居建筑保护与发展策略的实施，是把产业结构和聚落管理层面的策略转换为具体的空间和实体规划导则和设计方法，从功能、形态、技术角度尽可能地保护、传承和发展侗族聚落与传统民居建筑的民族特色。首先，应在全面调研的基础上，对传统民居建筑运用层次权重决策分析法进行价值评估，然后建立相应的分级保护原则和方法。对具有重要价值的传统民居建筑以及聚落按照从整体到局部的方法进行保护与发展规划。在传统民居建筑保护与利用规划中涉及的村落基础建设和旅游开发建设等物质空间保护、利用与改造，需要根据当地的特点和现实条件，制定更具体而明确的规划设计方案进行空间控制与引导。控制表现为对事物发展变化的限制；引导则体现为对事物发展方向有计划地改变。对于价值较低的民居建筑的外围发展区域，应该充分考虑现代生活与传统村落和建筑形制的矛盾，从功能、形式、材料三方面探讨传统民居发展与更新的新模式（图 32）。

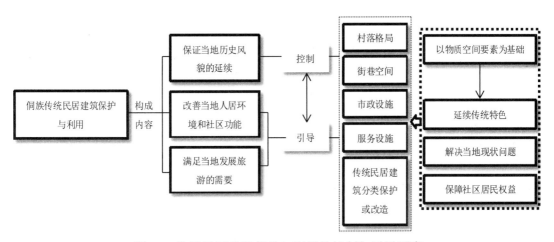

图 32　传统民居建筑保护与利用的控制与引导要素

同时在规划方法方面，应注重现代村镇规划体系与传统村落智慧的结合。传统聚落的选址、布局、空间构成充满了朴素的生态智慧。但不可否认的是，自发生长式的建设难以应对传统聚落的现代发展，诸如总体土地利用、基础设施建设等内容必须经过审慎的安排和规划。当前，城市规划体系已向城乡规划体系转变，村镇规划的制度和技术规范正在逐渐形成。在实际应用中，无论是规划目标、方法还是流程，都应该充分考虑传统聚落"大分散、小聚居"的总体格局和具体特征，把现代规划思想与传统智慧相结合以应对发展的诸多诉求。

四、本章小结

侗族传统民居建筑是侗族聚落的重要体现，为研究少数民族社会、经济、文化的发展提供了大量的实物资料，也是整个中华民族重要的文化遗产和不可再生的文化景观。快速城镇化正在全方位地改变其存在和发展的基础。本章通过对侗族传统民居深层原因（公共利益和自身利益的平衡关系）加以分析并给出发展建议，得出应从经济发展战略、聚落管理、空间重构三个层面展开侗族民居建筑保护与发展的结论。这种方式能够突破传统民居建筑保护只注重物质实体和空间形态保护的局限，把保护和发展视角扩展到经济与社会层面，实现了"经济－社会－空间"一体化发展模式，希望对传统民居建筑文化传承延续的研究有所裨益。

参考文献

[1] 林源. 中国建筑遗产保护基础理论 [M]. 北京：中国建筑工业出版社，2012.

[2] 杨定海，肖大威. 质朴的生活智慧——海南岛传统聚落与建筑空间形态 [M]. 北京：中国建筑工业出版社，中国城市出版社，2017.

[3] 蔡凌. 侗族聚居区的传统村落与建筑 [M]. 北京：中国建筑工业出版社，2007.

[4] 蔡凌. 侗族建筑遗产保护与发展研究 [M]. 北京：中国建筑工业出版社，2018.

[5] Whitehand, J. W. R. ed. The Urban Landscape:Historical Development and Management[M]. Papers by M. R. G. Conzen. Special Publication No 13. Institute of British Geographers. New York:Academic Press:1981.

[6] Letellier, Robin, Rand Eppich, eds. Recording, documentation and information management for the conservation of heritage places[M]. 2015

[7] Peter L. Larkham. Conservation and the City[M]. Taylor & Francis US, 1996.

[8] 康泽恩. 城镇平面格局分析：诺森波兰郡安尼克案例研究 [M]. 北京：中国建筑工业出版社，2011.

[9]《侗族简史》编写组. 侗族简史 [M]. 贵阳：贵州民族出版社，1993.

[10]《广西民族传统建筑实录》编委会. 广西民族传统建筑实录 [M]. 南宁：广西科学技术出版社，1991.

[11] 李长杰. 桂北民间建筑 [M]. 北京：中国建筑工业出版社，1990.

[12] 三江侗族自治县志编纂委员会. 三江侗族自治县志 [M]. 北京：中央民族学院出版社，1992.

[13] 阮仪三，王景慧，王林. 历史文化名城保护理论与规划 [M]. 上海：同济大学出版社，1995.

[14] 韦玉姣. 广西三江侗族村寨初探 [D]. 南京：东南大学，1999.

[15] 黄利华. 佛山品字街历史街区形态特征及成因研究 [D]. 广州：华南理工大学，2020.

[16] 冀晶娟. 广西传统村落与民居文化地理研究 [D]. 广州：华南理工大学，2020.

[17] 赵巧艳. 中国侗族传统建筑研究综述 [J]. 贵州民族研究，2011(4):101-109.

[18] 许娟，刘加平，霍小平. 秦巴山地传统民居建筑保护与发展 [J]. 华中建筑，2011(8):124-126.

[19] 魏峰，郭焕宇，唐孝祥. 传统民居研究的新动向——第二十届中国民居学术会议综述 [J]. 南方建筑，2015 (1)：4-7.

[20] 赵群，刘加平. 地域建筑文化的延续和发展——简析传统民居的可持续发展 [J]. 新建

筑, 2003 (2)：24-25.

[21] 赵群, 周伟, 刘加平. 中国传统民居中的生态建筑经验刍议 [J]. 新建筑, 2005 (4)：9-11.

[22] Manqing Cao. Comparative Study of Traditional Jointing Techniques of Vernacular Timber Framings in New England, America and Jiangnan, China and Some Applications Conservation Practice[J]. 2015.

[23] Ümmühan Nursah Cabbar, Esra Özkan Yazgan. State support policy concerning the conservation of traditional architectural heritage in Safranbolu, Turkey[J]. The Historic Environment: Policy & Practice, 2016(7)：202-212.

[24] 余翰武, 唐孝祥. 记住"乡愁", 弘扬中国传统建筑文化——第 21 届中国民居建筑学术年会暨民居建筑国际研讨会纪实 [J]. 新建筑, 2017(1)：156-157.

[25] 唐孝祥, 陈吟. 传统民居文化的可持续发展——第十七届中国民居学术会议综述 [J]. 新建筑, 2010(3)：141-142.

[26] 罗明金. 新农建设中以乡土文化传承来保护湘西民族传统村落研究 [J]. 西南民族大学学报（人文社科版）, 2016(12)：66-69.

[27] 陈继腾. 技术与文化的融合——论传统民居保护与利用 [J]. 安徽建筑, 2015(6)：12-13.

[28] 王绍森, 赵亚敏. 闽南漳州古城传统民居建筑有机更新探索 [J]. 南方建筑, 2016(6)：75-81.

[29] 陈静. 河南扒村传统村落保护发展规划探索 [J]. 工业建筑, 2017(3)：49-53.

[30] P. J. Larkham. Heritage as planned and conserved[J]. Heritage, tourism and society, 1995：85-116.

[31] 康勇卫, 周宏伟. 21 世纪中国传统民居研究进展 [J]. 世界建筑, 2020(11：18-21, 130.

[32] 汝军红, 石褒曼. 传统地域特色民居建筑"共生型"保护利用设计策略——以沈阳市北中街传统民居为例 [J]. 华中建筑, 2020(3)：1-5.

[33] 张鹏, 唐雪琼. 大理白族民居建筑文化保护与传承研究 [J]. 西南林业大学学报（社会科学）, 2021(4)：86-92.

[34] 汤诗旷, 谭刚毅. 当代视野下的民居传承与聚落保护——中国民居建筑学术研究回望 [J]. 南方建筑, 2021(4)：112-117.

[35] 王东, 靳亦冰. 当代视野下的民居传承与聚落保护——第 25 届中国民居建筑学术年会综述 [J]. 中国名城, 2020(12)：86-89.

[36] 张蕾. 国外城市形态学研究及其启示 [J]. 人文地理, 2010(3)：90-95.

[37] 石春晖, 宋峰, 武弘麟. 康泽恩学派微观城市形态学研究应用——以北京南锣鼓巷地区为例 [C]. 中国城市规划学会. 持续发展 理性规划——2017 中国城市规划年会论文集. 北

京：中国建筑工业出版社,2017.

[38] 王龙霄. 文化遗产活化的新思考 [N]. 中国文物报,2019-1-18.

[39] 王军,田起军. 西安历史建筑保护利用状况、问题及对策分析 [J]. 当代建筑,2020(8)：48-51.

[40] 严明喜,何莲,刘曦. 乡村振兴与传统民居风貌保护 [J]. 山西财经大学学报,2021(S2)：38-40,52.

[41] 罗文婧. 英国工业建筑遗产可持续再利用实践及启示 [J]. 世界建筑,2019(6)：106-109,126.

[42] 李汀珅,张明皓. 中意传统村落遗产保护与发展策略的对比研究 —— 以世界文化遗产宏村和五渔村为例 [J]. 中外建筑,2020(10)：56-60.

[43] 张健,田银生,谷凯. 伯明翰大学与城市形态学 [J]. 华中建筑,2012 (5)：5-8.

[44] 姚圣,田银生,陈锦棠. 城市形态区域化理论及其在遗产保护中的作用 [J]. 城市规划,2013(11)：47-53,66.

[45] 黎群. 自治县民族立法发展研究 —— 以广西 12 个自治县立法为分析视角 [J]. 贵州民族研究,2021(3)：2-8.

[46] 黎群. 乡村振兴背景下侗族非物质文化遗产的法律保护路径探析 [J]. 广西民族大学学报（哲学社会科学版）,2020(5)：190-197.

[47] 王红. 侗族古歌创作观念研究 [J]. 贵州民族研究,2021(1)：137-142.

[48] 刘洪波,蒋凌霞. 广西三江县侗族木构建筑保护状况调查 [J]. 文化学刊,2020(1)：51-53.

[49] 赵巧艳. 侗族聚落的产业、景观与记忆 —— 一项关于八江布央茶的人类学考察 [J]. 北方民族大学学报（哲学社会科学版）,2017(6)：95-99.

[50] 赵巧艳. 侗族传统民居形制的建筑人类学研究 [J]. 怀化学院学报,2016 (1)：1-8.

[51] 刘梦颖. "地方"的营造：以侗寨鼓楼为中心 [J]. 社会科学家,2020(11)：150-155.

[52] 张君,冯莎莎. 侗族地区农村传统建筑传承的风险规避及其治理 [J]. 贵州民族研究,2019(8)：33-38.

[53] 吴忠军,代猛,吴思睿. 少数民族村寨文化变迁与空间重构 —— 基于平等侗寨旅游特色小镇规划设计研究 [J]. 广西民族研究,2017(3)：133-140.

[54] 王天航,张若晨. 从静态到活态：生态博物馆视域下的乡土建筑遗产保护 [J]. 建筑与文化,2020(10)：205-207.

[55] 赵晓梅. 活态遗产理论与保护方法评析 [J]. 中国文化遗产,2016(3)：68-74.

[56] 肖景馨,石春晖,宋峰. 基于城市形态学的文化景观利用强度评估与保护管理策略制定 —— 以庐山牯岭镇为例 [J]. 中国园林,2017(6)：89-93.

[57] 姚圣,车乐. 基于形态区域的景观管理方法及其在历史城镇保护中的应用 [J]. 城市发展

研究，2018(2)：38-47.

[58]熊筱，代莹，宋峰，等.基于形态学的历史性城镇景观遗产价值判识与地理过程分析——以庐山牯岭镇为例[J].人文地理，2017(3)：36-43.

[59]陆邵明.记忆场所：基于文化认同视野下的文化遗产保护理念[J].中国名城，2013(1)：64-68.

[60]王敏，田银生，陈锦棠，等.康泽恩城市边缘带研究述评及其本土化运用探析[J].规划师，2011(10)：119-123.

[61]刘垚.康泽恩学派微观形态研究及在城镇历史景观保护中的应用[J].城市观察，2014(5)：13-27.

[62]童明康.树立科学保护理念 完善保护理论体系[N].中国文物报，2015-4-17.

[63]秦红岭.文化规划视角下历史文化名城建筑遗产保护的基本原则[J].中国名城，2015(11)：10-15，31.

[64]刘蒋.文化遗产保护的新思路——线性文化遗产的"三位一体"保护模式初探[J].东南文化，2011(2)：19-24.

[65]陈蔚，胡斌.我国历史文化遗产保护理论体系的框架性研究[J].室内设计，2012(5)：35-38.

[66]陶伟，汤静雯，田银生.西方历史城镇景观保护与管理：康泽恩流派的理论与实践[J].国际城市规划，2010(5)：108-114.

[67]王淳天.习近平的文化遗产保护与利用思想研究[J].上海党史与党建，2018(7)：16-20.

[68]秦红岭.乡愁：建筑遗产独特的情感价值[J].北京联合大学学报（人文社会科学版），2015(4)：58-63.

[69]杨筑慧，李婉妍.乡村社会生活逻辑与价值：基于一个侗族传统村落民居变迁的观察[J].广西民族研究，2019(6)：58-64.